中国装备制造设计基础研究 —— 机床类产品外观设计 本质及实践

蒋路波　麻跃波　著

江苏凤凰美术出版社

图书在版编目（CIP）数据

中国装备制造设计基础研究：机床类产品外观设计
本质及实践 / 蒋路波，麻跃波著 . -- 南京：江苏凤凰
美术出版社，2022.9
（当代中国工业设计研究实践丛书）

ISBN 978-7-5741-0232-3

Ⅰ.①中… Ⅱ.①蒋… ②麻… Ⅲ.①机床—机械设
备—外观设计—研究 Ⅳ.① TG5

中国版本图书馆 CIP 数据核字（2022）第 157817 号

策　　划　方立松
责任编辑　王左佐
封面设计　武　迪
责任校对　孙剑博
责任监印　唐　虎

书　　名　中国装备制造设计基础研究：机床类产品外观设计本质及实践
著　　者　蒋路波　麻跃波
出版发行　江苏凤凰美术出版社（南京市湖南路1号　邮编：210009）
制　　版　南京新华丰制版有限公司
印　　刷　南京互腾纸制品有限公司
开　　本　780mm×1000mm　1/16
印　　张　12
版　　次　2022年9月第1版　2022年9月第1次印刷
标准书号　ISBN 978-7-5741-0232-3
定　　价　98.00元

营销部电话　025-68155675　营销部地址　南京市湖南路1号
江苏凤凰美术出版社图书凡印装错误可向承印厂调换

作者介绍

蒋路波，1968 年生于北京，跨界设计师。经营多家创意设计公司的同时，积极推进钣金工坊的创新实践。多年从事与制造业相关的设计工作，对机床产品外观设计有着丰富的实践经验和独到见解。曾为几十家国内外机床主机厂家和其他装备制造企业设计产品外观和钣金结构，所设计作品多次获奖。基于对机床主机加工制造，机床钣金制造，机床使用、保养、运输等诸多环节的深刻理解，以务实、稳健、执着的做事风格推动了中国机床产品外观设计整体水平的提升。

麻跃波，1962 年生于北京，日本武藏野美术大学大学院造型学硕士。十余年设计类院校教学经历，多年从事广告公关、品牌推广策划以及与装备制造行业相关的设计策划工作。多次参与国内产业类工业设计大赛评委工作，以跨界设计师的综合视角解读机床行业产品设计创新课题。在本书中系统梳理了国内机床行业外观设计发生发展过程，参考制造业发达国家成功经验，从行业发展进程的大背景追踪设计观念的形成过程。在国内制造业即将走向智能制造时代的关键时期，详细论述装备制造领域外观设计的创新意义和市场价值，澄清行业内对机床外观设计的模糊认知。主张机床产品的外观设计要从内部结构开始，要方便使用、便于加工。提出好设计会促进制造工艺的提升，带动产业链健康发展。

序

当前，全球经济体系正面临着深刻的变革和重构，以云计算、大数据、人工智能及 5G 通讯技术为代表的信息技术蓬勃发展，新一轮的工业革命正在孕育发生。中国如要想在新的历史时期和发展环境中获得加速发展，实现自我革新，成为引领世界的、绿色的、可持续发展的现代化社会，就必须在保持体制优势的前提下，突出观念、道路、机制和产业的创新，提出体现中国特色的"中国方案"。

一个是目标——"绿色"；另一个是驱动器——"产业创新"；再一个是工具——"智能制造"。

长期以来，依赖于发展中国家低廉的劳动力，西方国家收获了高额的商业利润。然而，中国人民聪明好学，不但能把简单工作做好，还会学习创新，从而掌握越来越多的新技术。如果我们的政府、产业界、企业家、科研人员和设计师以及民众都确定了要走中国自己发展的道路，在现阶段把产业链中最高端的关键核心技术加以攻破，以后就不怕被西方掐脖子了！

社会无论如何变化，都离不开一个大的规律。人的发展有规律，那就是：短期拼机遇，中期拼能力，长期拼人品。认知决定了你的起点，能力决定了你能走多快，人品决定了你能走多远。企业的发展也有规律：短期拼营销，中期拼产品，长期拼格局。国家的一切竞争，归根结底都是"人品"和"格局"的竞争；人类的一切胜利，都是"价值观"的胜利！

为什么要以创新作为引领？因为中国的制造业的"制"多属于引进性质，自主创新较少。

新中国成立后和改革开放以来，我们似乎慢慢看到中国制造业中的一个特点：凡是"引进"的，几乎都停留在引进时的水平上而徘徊不前；凡是被国外卡脖子的，我们基本上都可迅速赶上，与国际先进水平比肩。这说明了两点：一是自古以来中国人有足够的聪明智慧和非凡的勤劳刻苦来创造奇迹；二是一旦有了拐棍依托，我们就会追求安逸，不能发奋图强了。

由于长期以来奉行"市场换技术"的策略，侧重于"引进"，尾随着发达国家的所谓先进装备与技术，片面地追求"性价比"，放弃了自主研发，致使我国的制造业基本上还徘徊在"加工型制造业"的状态。大多数人认知的所谓"引进消化"还停留在"物理"层面的"咀嚼"之上，知其然而未知其所以然，没有研究理解到引进技术硬件的"参数"设定的"原因"，而这才是我们自主创新设计提升的基础。如果仍旧"照葫芦画瓢"，沿习缺乏创新的"模仿"之路，我国的制造业将会看不到光辉的未来。

工业设计的理念和本质之所以难以被许多人所接受，而容易被曲解为"造型""美化""时尚"，皆因"大批量"虽不被认为"高雅奢华"，却可以被利用而成为牟利的最大机会！

"商业"正是攥住了这个"法宝"，用广告、包装等一切视觉手段鼓吹"以旧换新""流行、时尚、炫、酷""节假日商机"等消费"黑洞"，不遗余力地制造所谓有"牌"无"品"的销售"奇迹"。

1957年在苏联的援助下，我国建成了长春第一汽车制造厂，中国终于有了"解放牌"卡车，实现了历史性的突破。至1987年改革开放前的30年，一汽一直生产这4吨半的载重车，产量、质量与效率都有所提高；而且培养了大批工艺技术人才，现在已成为中国各大汽车制造厂的技术骨干。"解放牌"卡车几乎成了国内所有政府机构、企业单位、厂矿学校都配备的交通工具，拉机器、拉产品、拉粮食、拉取暖的煤、拉棉花以至拉人都用它；走公路、走乡村、备战备荒、城里公交车也用它。然而生产、使用了30年的"解放牌"卡车，其底盘、轴距、轮距、发动机、车斗等的设计参数，未曾由于车载状况及路况等影响因素而加以改变和完善。这皆因为我们被引进的标准、技术、工艺、流水线的"制"所限，认为只要投入原材料、人力和管理就可创造效益，而不必思考制定标准等参数的所以然——"设计"了。

"引进"？为什么那些很有道理的办法，你应用之后往往就没有作用，甚至适得其反了呢？

你可以花钱买别人的时间，却无法花钱让人替你思考；

你可以花钱买别人的经验，却无法花钱帮你少走弯路。

如果你把别人的经验和总结直接拿来就用，基本上都是失败的。因为这个世界上不存在一个放之四海而皆准的方法，让人人都适用。求人不如求己，每个人走向成功的方法都是不一样的。"引进"最多只能给我们一个启发，所有外界给的道理都必须结合我国自身特点和资源，然后才能形成自己的方法论。

如今这个时代，学习看似越来越方便，每个人都能随时随地获取各种知识。而实际上，越是在这个知识可以信手拈来的时代，我们越学不到真正的知识——没有结构的知识。

因为人都被欲望蒙蔽了双眼，与其说人们看似越来越崇拜知识，不如说是崇拜成功的"捷径"。真正能帮助你的，还是你自己。

相比较而言，高铁的引进却是经过了"消化"后再创新的成功案例！高铁引进过程中，我们吸取了德国、日本、法国的技术，比较了它们各自不同的技术参数，理解了这些不同参数的制订依据，因而比较清晰地了解到各种参数在制订过程中也考虑了国情、运载需求、路况、成本、技术基础等"外部因素"的区别，而不仅仅是技术水平的高低。这自然引导我们要根据我国的国情——地域的辽阔、地质的差别、气候的变化、运行的距离、人口的众多、高铁线路的战略布局等复杂的需求，这些似乎又与技术不太相关的"外部因素"成为高铁"引进—消化""战略"的决策因素。

这个高铁"引进—消化"的过程就是以研究"问题"为先导、"实事求是"为原则、"因地制宜""因势利导"为桥梁，从而成为"工业设计机制"的成功案例。

改革开放进入了转型升级的现阶段，我们的目标是把握产业链中最高端的关键核心技术——实事求是地研究本国的国情、需求的能力；组成跨界集成的攻关人才梯队，致力于产业链的基础研究，建立自己的战略目标，以工业设计驱动产业的创新，将全球最大的产业链牢牢握在手中。

改革开放以来，我国首先从教育界开始关注工业设计，自 20 世纪 70 年代末，以中央工艺美术学院、北京理工大学、无锡轻工学院、广州美院等为代表的 20 多所高等院校在全国以论坛、会议、讲座等形式进行工业设计的宣传、推广工作，并开始建立工业设计人才教育体系，为中国设计教育和工业设计实践打下了基础。当时轻工业部首当其冲，紧接着其他政府部门也开始重视起工业设计，于 80 年代成立的"中国工业设计协会"也发挥了举足轻重的作用。直到时任总理温家宝对工业设计工作作出批示后，工信部牵头制定了推动中国工业设计发展的一系列文件，紧接着"十一五"规划第一次明确提出"要发展专业的工业设计"；"十二五"规划提出"促进工业设计从外观设计到高端综合设计服务转变"；"十三五"规划提出"支持工业设计中心建设、设立国家工业设计研究院"。围绕"创新、协调、绿色、开放、共享"的五大发展理念，贯彻创新驱动发展战略，落实供给侧结构性改革，实现"中国制造 2025"目标——工业设计承担着历史赋予的重任。

十几年前我曾经拜访过海尔的张瑞敏老总，他曾感叹地说，海尔有国际专利，有外国设计师团队为海尔设计，我们的制造水平、产品标准、技术储备、市场规模都领先于同行业，海尔的产品创新能力使我们的产品每年都有改良、更新，但是再过几十年我们还仍旧生产冰箱、洗衣机吗？还需要再引进外国的"新物种"吗？所以最让我担心的是我们拿不出颠覆性的产品！

一个产品从 0 到 0.99 那部分是可以靠钱完成的。但是从 0.99 到 0.999，乃至到 0.9999 的那部分，甚至可以说是从"0"到"1"的飞跃！这只取决于一个企业下决心执着地走自己的基础研究、设计创新之路，这是中国企业转型升级的核心驱动力。

中国经济的上一波红利是"人口红利"，下一波红利将是"人心红利"。"人心"就是国家的战略和人才，它能将我们民族内心深处的需求和追求——"梦想"激发出来。

决定我们国家归宿的，一定是我们的强国愿望和能力综合而成的那个民族智慧。

我们也是人，也有头脑思考，也能分析归纳。过去我们太落后，因而需要引进，现已具备了一定的基础，我们就可以根据需求设定目标，在研究限制性的"外因"基础上，实事求是地制定实现目标的"目标系统"，去选择、组织现有原理、技术、结构、材料、工业等"内因"，该攻关的就攻关，该引进人才的就引进，该研究的就研究，该合作的就合作，该创新的就创新，这样就形成了我们中国自己的发展道路。这个设想的思维逻辑也符合我国虽有引进、但也已建立了较完整的制造能力基础的国情，如果中国的制造型企业能走这种"实事求是"的设计创新思维引导的路线，不用10年，中国的产业发展将呈现出"中国方案"的魅力。

改革开放40年，中国制造业的快速工业化虽然获得了很大的成就，可是社会型"产业链"和"工业文化意识"并没有在整个社会运行机制中得以积淀和成熟。我们有了"工业"，但还没有全面完成"工业化"。尤其在当今时代数字化、大数据、云计算等技术发展日新月异，以及工业4.0规划目标的紧迫压力下，我们必须重新认识"智能工业化"的含义。

在这个时代，企业的新陈代谢比以往任何时候都来得更快。如果说当年企业的新陈代谢是按一种线性级的速度进行，那么现在企业的新陈代谢则是一种指数级的狂飙突进！

柯达胶卷被数码相机消灭了；

索尼随身听被CD机消灭了；

CD机被MP3消灭了；

数码相机被手机消灭了；

地图被GPS系统消灭了；

诺基亚手机被"苹果"消灭了；

出租车则正在被"滴滴"消灭……

当代产业的发展趋势是以"颠覆性"创新为特征的，应具备产业创新的格局，而不徘徊于产品创新的桎梏。

未来的制造业制造出来的"机器"和众多的关键零件必须会"思考"，会"说话"，会与人"交流"！如果我们把"互联网+""智能制造"仅仅当成一种"工具"或造几个"机器人"，就会忽略了"智能制造"的目的。我们的祖先曾经有过一个"教训"：把发明的火药当作玩赏、享乐的鞭炮、烟花，而别人却把它做成杀人的武器！

实体经济始终是工业化与信息化深度融合的主线。虚拟经济是中国实体经济智能化和创新的羽翼；但实体经济却是虚拟经济发展的源头——"基地"和终点——"市场"。我们一定要清醒：基础研究和工业设计是两化融合、创新的源泉，工业发展没有研发设计是不行的！

"制造"是什么？"制"是制度、方法、标准和规范。讲到制造的时候，一定包括产品的研发、产品设计、工艺设计、生产制造、生产直至产品交付这样一个全流程。不包括信息化的制造的"制"，仅仅是加工或来料接单加工的加工厂（OEM）；而"生产"仅仅是人通过掌握的已有的设备、技术、工艺和原材料进行加工的过程而已，它只是产生生产力的载体，而不能左右生产力的性质，更不能上升至以设计驱动的企业品牌战略（ODM、OBM），更不能达到以战略为驱动力的"产业结构"创新（OSM）。

因此，要正确理解智能"制造"并不仅仅是智能"生产"那么简单。"制造"包含了产品的设计、工艺设计、生产制造和交付、维护过程的"服务"，因此智能工厂必须要具备研发环节。

智能制造是中国"制造"向"智造"蜕变的突破口，但是不包括研发智能化的智能制造是不完整的。要正确理解智能制造并不仅仅是生产加工的智能化，因为"制造"本身就包含了产品的设计、结构与工艺的设计和工业工程的设计，只有这样才能进入到生产制造过程并交付、使用、维修等服务设计的全过程。没有掌握、运用这个系统的、全产业链的"工业设计"，不能被称为"智能制造"。因此智能工厂要包括研发设计这个极为关键的前提条件，而这是目前中国制造业普遍存在的短板。

只有机器人的生产车间属于智能制造吗？显然不是。它充其量只是"自动化生产加工线"，只体现在"执行层"，这还不是真正的智能制造，而智能工厂要有能智能决策的"大脑"。"智能制造是一场马拉松，不是百米冲刺"。训练一名马拉松运动员要测试、提升他的体能和耐力；观察、积累、统计他的各种动作数据；分析、对比、研究各级运动员的记录、动作轨迹、运动姿势；分析气候、风向、场地等影响因素，然后将上述信息以大数据方式进行综合判断，还要用一种特定的软件进行编程，才能有针对性地输出分段训练计划。这个过程就类似于智能制造的研发设计过程。

智能制造的关键点在于用软件控制"数据"的流动。实际上智能制造就是逐步把人类多年积累的工作方法和算法，还有在工程实践过程中多年积累的设计知识、生产制造知识、管理知识，以及销售服务、运输维修和回收再利用的知识，进行汇总、分析成熟后把它编制成软件，由电脑帮助完成整个制造过程。这个"智能"的意思就是把人的智能转化为机器智能。

智能制造的关键点在于决定产品定位的参数，如：对人机、性能、使用流程、加工、维护等等的工况参数进行数据化解析；用数据化分析的产品定位需求的复杂性，将产品的材料、结构、工艺等工业知识和经验形成算法，变成软件，用软件控制数据的流动，解决复杂产品的不确定性问题；模拟检测、验证产品是否安全、可靠，分析生产效率、成本、市场反馈等；在一个复杂的产品中，每一个零件在加工过程中的状态都要能被监测，乃至在今后使用、维修、回收时也要能被监测。

以上的全流程的智能化的前提是不可能建立在"加工制造型"的产业模式之上的，"工业化"意味着全产业链，即能具备从需求、研究、设计、制造、流通、回收全生态链的工业体系。在这样的"工业化"基础上的"智能化"才真正是我们要实施的"中国制造2025"的强国战略。

如今第四次工业革命已经开始，目前是中国的制造业与世界工业水平最接近的时候，虽然在"制"和"智"方面，尤其在核心基础技术和智能技术上还有不小的差距，但是中国已有一些骨干企业已经走到前面，可以比肩世界了。如果我们做好规划，走正确的基础研究和设计先行的技术路线，一定能够在不久的未来与世界发达国家并驾齐驱。

"智能制造"的实现不能建立在空中楼阁之上，它需要强大的"基础制造业"作为支撑，这离不开实体经济的充分发展，必须谨防虚拟经济盲目蔓延，否则，其后果就是国家实体经济和制造业的空心化。

机器、装备仅仅是制造产品的"工具"，而验证、监测、控制全生产链过程的"工具"——仪器，它是判断技术、认知全流程的"计量具"，仪器仪表也是先进制造的"雷达"。精密的仪器则可以"测量"中国制造创新的高度、进度和精度。

但是目前，中国的高端仪器进口的占比已超过了90%，某些领域更是100%依赖进口；而分析实验仪器领域的国产化则几乎空白。

如果说我们的对手限制生产设备的进口是打击中国制造的当下，那么限制先进仪器的进口，则会毁及中国智能制造产业的摇篮和未来。

中国真正强大的标志绝不仅仅是我们的产品遍布于全球"超市的货架"上，不仅仅是在亚马逊网站上，不仅仅是在阿里巴巴网站上，而是应在德国、在美国的实验室里。工业设计的根本目的是"创造性地解决问题"，一是解决今天的问题，二是提出未来的愿景。工业设计产业不提倡"占有"产品，而鼓励"使用"超越产品设计的"分享型服务设计"；

工业设计不能仅是一种设计技能，而应是一种"创新模式"；不仅要创造"交换价值"，而是必须着力创造用户的精神体验价值的"社会价值"；设计创新的实质是一种跨界创新、集成创新、引领性创新和突破性的系统创新，也是产业创新的必由之路。它将以可持续发展的理念、整合性系统设计的思维以及协同创新的方式服务于人类社会。

创造人类未来美好的生活方式的出路不仅在于发明新技术、新工具。科技并不是目的。我们常常会在追求"目的"的途中被"手段"俘虏了。技术创新只能是人类为了实现目的而需选择、整合的手段。"创新"会使我们善于利用新技术，带来"视野"和"能力维度"的改变，调整观察世界的方式，开发我们的理想，提出新的观念、新的理论。

社会的任何进步，首先是品行道德、社会风俗、政治制度的进步，这些都属于科学发展和文化进步的范畴。关心自然的存在就是关心人类本身的未来，这才是真正的科学观、人文观和技术发展的目标 。

蒋路波与麻跃波合著的《中国装备制造设计基础研究》一书，针对当前机械产业界中缺乏对设计的重视，甚至由于对"设计"理解的偏差，进而影响到我国机械产品自主创新的问题，以其多年积累的这些真切而又生动的设计案例，深入地剖析了设计在机床研发全过程中的重要作用。我相信这本关于装备制造设计基础研究的书是我国最早的一部比较全面、透彻地阐述机床设计的理论与实践的力作。

为此，我特向读者们郑重推荐此书，希望我国设计界都来关注中国装备制造事业，为中国"制造"向中国"智造"的演进尽到"中国设计"的责任。这也是"中国方案"不可或缺的组成部分。

柳冠中

2021 年 11 月 20 日

卷首语

改革开放四十年，成就了国内机床产业的蓬勃发展，我国一跃成为世界级制造大国，制造技术也获得长足进步，不仅实现了全产业链布局，在走向制造大国的过程中也逐步完善了装备制造业的基础体系。然而在人工智能和5G技术不断投入应用的今天，装备制造业或将迎来巨大挑战和深刻改变，如加工方式的改变、管理方式的改变、信息交互方式的改变、人与机器相对关系的改变、产业形态和创新方式的改变，等等。这些改变无疑会对传统制造业造成颠覆性的冲击。

回首改革开放四十年我国的装备制造业，特别是机床产品外观设计领域，在自发的探索中从无到有，中国机床产品外观在整体上已经发生明显的改观。在这里我们重新审视这个变化的过程，从设计活动的原点出发去探究机床外观设计的目的和精髓，透过机床结构的层层内里，剖析机床外观设计的理念与内涵。回望来路，为的是在即将到来的人工智能、大数据、物联网与装备制造业融通发展的智能制造时代里，我们能走得更好、更远。

在国际加工业务随制造业市场大规模转向中国之初，我们并没有做好准备，还在步履蹒跚地追赶世界制造的脚步。近几年，随着国内制造成本逐年提高，国际制造业布局重新调整，给正在并入快行道的中国制造业带来诸多不确定性，打乱了正在形成的快速发展步伐。国际加工制造业的市场流向与四十年前形成了逆转，大量加工制造业务流向海外，国内中小加工企业纷纷倒闭，沸腾了十年的机床热归于沉寂。背负沉重包袱的大中型机床企业面对充满激烈竞争的国际市场更是没有任何优势，市场环境的变化迫使那些曾经辉煌的机床骨干企业纷纷转制或被兼并重组。全行业几乎都面临核心技术研发投入严重不足，产品关键部件大量依赖进口的局面，面对掌握核心制造技术的国际同行显得竞争乏术，力不从心。

近两年来，世界正处于新冠疫情肆虐的时期，除了生产特定防疫产品的企业，国内加工企业纷纷停工，原本在艰难支撑的大部分中小企业更是遇到了前所未有的困境。特别是疫情在全球的蔓延，给正在迅速降温的国内制造业雪上加霜。发达国家联手对中国制造业展开围堵，关键材料核心部件断供，发展中的中国制造业在寒风迷雾中将何去何从，成了一个迫切的现实问题。

在复工复产政策推动下，作为国内制造业主力军的机床行业正在以前所未有的勇气拖着沉重脚步艰难前行。装备制造业作为国家的重要战略支撑，在"十四五"规划中将进一步发挥引擎作用。我国装备制造业特别是机床行业正面临智能制造大潮的淘洗，它会以怎样的步伐重新上路，业界将拭目以待。

无论国际机床市场如何发展，中国作为世界上最大的发展中国家，首屈一指的人口大国和消费大国，装备制造业以及机床产业依然是立国之本，民生之源。未来强大的市场需求促使机床行业不断地在调整中发展，市场机制也迫使企业抖掉身上的尘土，走向市场竞争的国际大舞台。高端装备制造以及所需核心技术的研发正以国家战略的高度受到重视，并在逐步加快实施的步伐。

我们现在所说的机床，是针对以电气驱动为动力源的加工设备，是经历了半自动、全自动、数控时代而发展成熟的现代机床。机床伴随工业化国家从蒸汽机开始，已走过了两百多年的历程，在制造技术方面积累了扎实而丰富的第一手经验。而机床引入我国只不过一百多年时间，我们全面接触和制造机床是共和国建立之后才开始的。我们一直试图了解机床，希望通过机床的使用和制造，跟上发达国家的步伐。结果却发现在我们全力以赴地开动机器加工零件的时候，在制造技术、研发投入和管理理念上与发达国家的距离却在加速扩大。

数控机床伴随计算机的问世在 20 世纪中叶诞生，几十年间快速发展的制造加工技术也促使机床形态发生改变，并催生了机床外观设计的兴起。机床外观作为产品自身的必要存在，更是企业形象和技术优势的载体。将先进的制造技术通过产品的精美外观投射到制造精良的产品，以鲜明的差异化形象占据优越的市场地位，令技术优势和管理理念得以物化延伸，再与核心技术相融合，从而形成获取最大经营利益的有力手段。

我国在机床外观设计方面起步并不晚，在改革开放政策实行三十年的 2008 年前后，国内机床行业一些目光敏锐的人士已经开始意识到，国内机床要走向市场，产品外观必须有所改变。经过十几年的不懈努力，国内机床产品外观整体上发生了明显的变化，外观设计的概念在机床行业得到广泛普及，有越来越多的机床生产企业开始意识到通过外观创新设计来提高产品竞争力的重要性。除了产品加工性能和售价，机床外观作为重要的评价要素，逐渐成为在市场竞争中获取优势地位的重要手段而融入机床产品开发的全过程。

本书通过对国内机床外观设计现场实践案例的回溯和总结，参照工业互联网环境下的智能制造逐步走向应用的大背景，追踪先进工业化国家在机床制造领域的发展轨迹和最新动向，探寻与国外先进制造国家在设计理念和行业对策诸方面的差距，从而为我们学习和借鉴这些成功经验提供参考。

本书希望从认知的角度解读机床外观设计，力图站在二十一世纪装备制造业的大背景下观察行业发展趋势，以机床制造和使用为立足点，参考制造业发达国家的成功经验，重新思考机床外观设计的目的和创新意义。进一步理清机床外观设计的内涵，梳理与机床产品外观设计相适应的程序和方法。探问通过创新设计活动能给这个行业带来什么变化，给企业创造什么价值，以及应从什么角度入手去理解和思考机床外观设计。

本书的写作是在新冠疫情的伴随下，在禁闭的斗室中完成的。半年多的时间里，作者很少听到来自装备制造行业令人振奋的消息。蔓延至全球的严重疫情带来的消费低迷、生产停滞，不仅给中国的装备制造行业带来巨大冲击，也对全球制造业的发展造成灾难性后果，其影响程度一时难以判断。但是经历这一次全球性的灾难，有两点是可以确定的：装备制造业从没有像今天这样接近和直接影响到我们的日常生活；机床制造业的兴衰从未像今天这样被提升到国家战略地位而受到如此重视。

要顺利实现"十四五"规划，我国的装备制造业在新的发展环境下必须作出调整，要提高全社会对于装备制造业的认知和了解，加强相关行业的教育投入。对于那些从事机床外观设计的设计师而言，需要更多地了解机床制造行业的现状，熟悉行业特点和发展需求。相关管理部门更应以国际化的视野和战略高度分析我国机床行业现状，完善对外观设计人才的培养机制，引导企业对外观设计价值的正确认知，提前布局智能制造的产业对策，以更加积极的姿态迎接我国高端装备制造业大发展时代的到来。

导言: 国之重器——装备制造

装备制造业是为国民经济和国防建设提供各种技术装备的制造业总称, 机床则是装备制造业重要的基础构成, 是制造各种装备及各类产品的"工作母机", 也可以说是生产机器的机器。装备制造业涉及的行业主要有汽车、电气机械、电子信息、机床工具、工程机械、农业机械、仪器仪表、船舶制造八大门类。《"十三五"国家战略新兴产业发展规划》中提出, 在大力发展国内装备制造领域的同时, 要加快高端装备制造领域的发展。

高端装备制造

根据我国国民经济发展需要和未来工业发展布局, 高端装备制造业已被提升到国家战略层面, 主要包括航空装备、卫星制造与应用、轨道交通设备制造、海洋工程装备制造和智能装备制造五个细分领域。加快装备制造产业的高端化发展是推动我国工业现代化的关键, 也是实现制造大国迈向制造强国的重要途径, 是从"制造"到"创造", 进而再向高端"智造"的飞跃。高端装备制造业制造能力与核心技术的提升，关系到我国综合国力和国际竞争实力的整体提升，关系到国防和国民生产生活的方方面面。

世界其他国家及有关国际组织并没有对装备制造业做出统一表述。"装备制造业"的概念是根据我国产业布局和发展需要而提出的，是我国独有的行业表述。它的正式出现，见于1998年中央经济工作会议明确提出的"要大力发展装备制造业"。

对于装备制造业，世界各国的认识不尽相同，至今尚无公认的定义和内涵界定。在2011年汉诺威工业博览会上，德国提出了"工业4.0"的概念，旨在推进传统制造业与现代信息技术整合，实现以信息技术、通信技术、网络平台、工业机器人为基础的智能化生产。2012年，美国启动了"先进制造业国家战略计划"，通过信息技术重塑美国制造业。在这样的大背景下，中国也提出了智能制造装备产业的发展规划，明确了中国制造业在未来的发展方向：以智能制造为主线，提升中国制造业的生产效率和产品质量，从而降低生产成本，增强产品的国际竞争力。

智能装备制造是将人工智能、自动化、网络科技等尖端技术应用于制造业生产过程，从而实现生产的智能化、信息化、集成化和网络化。5G技术和工业物联网的普及应用，将会给高端装备制造业的发展带来极大的推动作用。

经过多年的发展，目前我国装备制造业规模超过20万亿元，占全球比重已经超过1/3。但我国装备制造业仍存在大而不强、广而不精的基础性问题，在基础材料、基础产品、基础工艺、核心技术研究等方面存在创新能力弱、研发严重不足的短板。党的十九大报告明确提出要加快建设制造强国，加快发展先进制造业，培育若干世界级先进制造业集群，促使制造企业积极转型升级，以抢占未来发展的战略制高点。

制造业的核心是装备制造业，制造业的顶端是高端装备制造。作为价值链上高利润、高附加值领域的高端制造业，既是制造业中最具创新动能的分支，也是复杂程度高、开拓空间大和效益成果丰硕的领域。它必将对未来国际化产业分工和国民生活产生重要影响，对发展国民经济、维护国家安全有着至关重要的意义。目前，中国装备制造业已进入从高速增长转向高质量发展的重要转型期，未来的增长将主要来自新技术革命、产业政策和自主创新三大动力驱动。面对复杂的国际环境，中国装备制造业要积极打造全球化的生产网络和运行模式，大力加强包括智能芯片、高端机床在内的制造业核心技术研发，以核心技术和高质量专业服务积极参与全球价值链高端环节的竞争。

装备制造业的基石——机床

无论装备制造还是高端装备制造都离不开机床加工的参与。机床是指用来制造机器的机器，亦称工作母机或工具机。一般分为金属切削机床、锻压机床和木工机床等，习惯上统称机床。随着加工技术的进步，对工件加工难度和精度的要求日益提高，传统上对机床的分类早已不能适应现代加工需求，针对各种特殊加工用途的专用设备以及新加工工艺的投入应用，导致各种专用加工设备不断涌现，机床家族迎来许多新成员。

现代机械制造中加工零件的工艺方法有很多，除切削加工外，还有铸造、锻造、焊接、冲压、挤压等工艺。凡是精度要求较高和制品表面粗糙度要求较细的零件，一般都需在机床上用切削的方法进行最终加工，但无论是切削加工还是钻孔攻丝，均是以去除工件多余部分为目的，视为减材加工。近年来随着新材料新工艺的不断进步，3D打印概念在制造行业得以延伸，以熔堆成型技术实现的增材加工成为热门，增材加工作为正在研发的新型尖端制造技术，或可成为颠覆传统加工工艺的新技术，并在未来得到广泛应用。

机床在国民经济和国防建设中起着不可或缺的重要作用，其发展速度以及对高端核心技术的掌握直接关系到未来国力，日益成为国家发展战略的重要支柱与涉及国计民生的重点领域，是衡量一个国家基本国力的重要指标。在国防装备和经济建设领域，小到手机芯片、钟表零件，大到高铁桥梁、人造卫星，每一个部件每一个制品都离不开机床。"万工之祖""工作母机"是对机床的真实表述。

装备制造业的基石——机床

装备制造与生活用品

7

改革开放后，随着加工业的兴起，机床得到广泛的应用，机床工具行业也在国内加工业空前繁荣的大潮中获得长足发展。专业化的行业分工对机床种类需求更加多样，各种专用加工设备随之诞生。数控机床的广泛使用使加工精度趋向更高的水平，生产效率也得到飞跃提高。机床的保有量和应用技术水平，早已成为衡量一个国家发展实力的硬指标，同时也是制约我国制造业向高端迈进的一个关键瓶颈。

我国是制造业大国，同时又是起步较晚但发展迅速的消费大国。除原生农产品以外，几乎所有的消费品在其生产加工阶段都离不开机床，均由机床加工而成，或是由机床加工成的机器再加工出其他产品。比如小麦虽是原生农产品，小麦收割大都采用收割机进行机械化作业，麦粒加工成面粉是由机床生产的面粉加工设备生产的，做面包的烤箱也是机床加工出来的。从服装鞋帽、手机、电脑，到汽车、高铁、航母、战机，我们生活的方方面面都离不开机床。新中国成立以来，我国的机床生产从初期向苏联学习模仿，到改革开放后的来料加工，再到制造业蓬勃发展时期的"世界工厂"，我国正逐步建立完备的行业体系，并进入自主研发的快速发展阶段。

机床，从最初作为加工工具发展到目前品类繁多的精密加工设备，其作为工具的属性始终没有改变。在制造业蓬勃发展的今天，我们对机床赋予更多的功能外延，使其更加适应信息化、自动化、智能化制造要求。生产的机床要更加安全、更加智慧、便于操作、便于信息化管理。随着自动化、智能化及5G技术的导入，机床操作工的纯体力介入因素将越来越少。人——从以往单纯的机床操控者，被提升到设备信息链的重要参与因素而融入机床的整体设计序列中，从而使人与机器的互动关系更加密切，人和机器的相对关系从此改变。

目前，我们开始投入更多的关注，去研读操控者的躯体和认知系统对加工信息感知带来的变化，以确保其高效、准确、安全地操作设备。在机床加工性能飞速提升的今天，频繁地上下工件、读取调整系统数据、加工区门体的开闭方式、把手的抓握手感、加工碎屑的清理以及其他必要的日常维护等，都成为外观设计师必须关注的设计要点。

机床作为加工工具的属性正在悄然发生变化，随着智能化设备正被更多地投入使用，人与机床的相互关系也在随之发生变化。或许有一天，机床会完全摆脱个体的人对单体机床的操控，自主地完成智能化多工序的加工任务。

新中国成立后的70年也正是我国机床产业从无到有、再到快速发展的70年。1949年全国机床产量仅为0.16万台，到实施改革开放政策的1978年增长到18.33万台，2009年达79.92万台，首次跃居世界机床产销量第一位，其中数控机床在2018年达到21.33

万台，也稳居世界第一。但是由于长期的重生产轻研发，我国机床产业大而不精的弊端依然明显。长期靠中低端产品数量堆起来的庞大市场规模，在逐年冷却降温的加工业对机床需求急剧下滑的大背景下，我国机床企业的实力在全球排名被挤出前十则是无奈的现实。

我国的机床行业在新中国成立后长期处在计划经济的大盘中运行，所谓"共和国十八罗汉"也正是这种计划经济的结果。按地区、服务行业、技术难度、产品门类等要素实行的行业内分工，形成了新中国成立后第一批机床行业骨干，在界定了企业主要研发方向的同时，也限定了企业横向拓展的空间。你做车床，我做镗床，他来做磨床，在规定的时间内，各企业带上自己的产品参加行业展会，各路英豪齐聚展会参加订货是那个年代最典型的销售方式。由于形成了行业内明确分工，同类产品只限定特定厂家生产，没有竞争也几乎没有销售压力，这种"赶大集"式的销售模式一直持续到20世纪80年代末。

国内举办第一届国际机床展是在1989年5月的上海，后移师北京，至2019年已成功举办了16届。国外的机床产品在国内展会纷纷亮相，与国内厂家产品形成鲜明对比。这种差异首先是产品外观上的差距，国内馆和国际馆的观感完全不同，在展厅之间游走像是进入时空隧道在不同的世纪之间穿梭。

进入国际馆，无论是来自哪个国家的制造商，其产品的共同印象是清晰挺拔的轮廓线，明亮又不刺眼的色彩涂装，匀整平齐的钣金加工成品，细沙绸缎般的哑光质感，醒目的操作规范和厂牌标示一应俱全。

而国内馆则是另一番景象，以灰色系为主又缺乏层次感的灰暗床身涂装，毫无设计美感的外部轮廓，做工粗糙的钣金工件，这是十几年前国内大部分参展企业展品的标志性状态。甚至有些参展设备只涂刷了以防锈为目的蓝绿漆便送来参展。而这些仅仅是从展品外表获得的感官印象。

当你走近国外厂家展品，拉动机床门体，传递给你的是把手做工扎实稳健的握感，滑动门轨道丝一般的顺滑感，还有恰到好处的门顶限位。系统箱旋转阻尼适中，旋钮波段限位准确，操作系统视窗的角度以及键盘的手感舒适舒展。站在这样的机床面前犹如站在一部豪华车旁边，瞬间感到操作这样的设备投入工作是一种享受。

进而考察设备的加工精度、工作效率、稳定性、保养维修方便性等功能性指标，发现我们的产品差距更大。几届展会下来，国内的企业开始反思，再这样下去，以这种灰头土脸的产品卖相都不好意思和国外展品一同展出了。国内的机床企业要想推动产品销售，必须迅速作出相应改变。

经过几十年的发展，机床行业早已进入数控时代，大部分机床的加工运行都在数控系统的制御下进行，所谓操控机床基本上是对数控系统的操作。一个熟练的数控机床操作工，对于切削原理、数据编程、伺服原理、代码生成与后置处理、机械加工工艺等相关的技术知识有严格要求。特别是近几年入厂的年轻技工以"90后"居多，他们出生在数字时代，在智能手机和电子游戏的陪伴下长大，对于数控系统有着天然的理解力。与此同时，对于每天陪伴他们工作的机床也会有心理上的承受下限。灰头土脸的老式机床外观显然不再符合这一代年轻工人的心理期待，而操控感舒适、信息交互准确、人机尺度适中、外表清新整洁，散发着人类智慧光彩的机床外观则是他们乐于接受的。加工效率的提高意味着单位时间加工部件数量的增加，频繁地上下工件对于机床操控者的持续注意力和体力付出都带来极大挑战。

机床在操作过程中，人所接触到的所有部件，都是外观设计师应特别关注并且注入创造力的重要环节。如门体开闭方式、悬挂方式、门把手的握感、数控系统箱界面设计、旋钮按键布局设计、加工区照明设计、报警灯设计等，这些点位也恰恰是外观设计师在所谓"外观造型"的美学设计之外，能够介入机床功能设计部分的过渡地带，是联结机床内部工程设计的搭界点。

因此今天讨论机床外观设计，就更需要对机床产品、机床产业进行更全面的了解，在此认知基础上对机床产品外观设计的内涵重新界定；对机床产品外观设计的思考方法、涉及范围、创新价值等要素的探讨，比以往任何时期都显得重要和迫切。无论是从事机床加工生产的企业，还是培养工业产品设计师的院校，都应该重点关注装备制造领域的机床外观设计，提高对机床外观设计的理解和价值认知。

机床——机床外观——机床外观设计

目前行业内对机床外观的理解更倾向于机床的外罩或防护罩，仅限于罩在机床设备外部的"铁壳子"的样式设计。机床外观设计被普遍理解为外罩的设计，这是行业内对机床外观设计的片面理解，导致有设计需求的企业对外观设计概念模糊不清，对设计结果的评估只停留在"好不好看"的层面上。部分对机床不了解的设计师也会沿用普通消费类产品的设计思路去设计机床外观，认为优秀的机床外观就是看上去好看的机床，使得外观设计仅停留在美学范畴的"造型"设计，用几张效果图就轻易完成机床外观设计了。这种理解上的片面性不仅在业内普遍存在，恐怕全社会对机床外观设计的定义也十分模糊，这也是

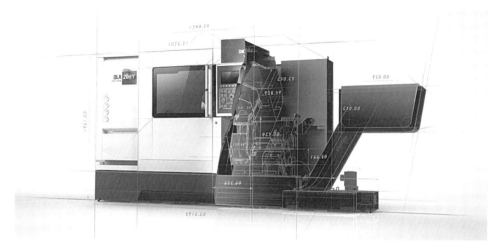

机床内部结构与外部钣金防护

阻碍和迟滞行业内机床外观设计水平提高的重要原因。

一部机床的诞生要经历工程设计、外观设计、钣金设计等几个重要设计阶段。对于一台优秀的机床产品而言，每个阶段的设计都有其独到的使命，不可替代；每一阶段又相互关联，缺一不可。

工程设计是针对机床部件的运动方式、加工性能、运行原理等物理性能的规划设计，它包括总体与布局的基础设计，机床加工性能和运动方式的机械系统、电气系统、气动液压系统设计，以及机床内部传动系统、伺服系统、油水系统、排屑系统等子系统中极其复杂精密的功能设计。

外观设计是根据机床的基本结构，在工程设计的基础上，针对如何更好地使用操作机床而进行的具有美学和创新意义的应用设计。所谓机床的外观一般是指机器设备外部可见部分的视觉呈现，如设备的外部轮廓形态、区块分割、涂装色彩、材料材质、厂标型号等视觉元素。而这些只是机床设备在感官上呈现的外部形态，所谓"能看到的外观"。本书所提及的机床外观设计，既包括前面提到的"形态"设计，更侧重机床内部结构与外部形态的生成逻辑；更加关注外观设计方案在加工制造过程的工艺性；充分发挥机床加工性能的实用性，以及机床使用者对机床形态的物理感受和心理认知的亲和性。外观形态与内部结构的完美结合是外观设计的基本依据，而与使用者操作行为相关的关键部件对人的生理、心理、认知、判断等方面的影响，同样是外观设计必须关注的重要内容。

钣金设计是将外观设计方案转化为可制造的钣金工艺设计，即制造方案设计。良好的外观设计更应该便于制造，充分发挥材质的工艺特性。目前机床外观的呈现多采用金属材

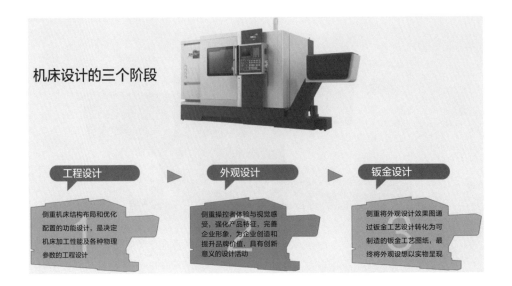

机床设计的三个阶段

工程设计

侧重机床结构布局和优化配置的功能设计，是决定机床加工性能及各种物理参数的工程设计

外观设计

侧重操控者体验与视觉感受，强化产品特征，完善企业形象，为企业创造和提升品牌价值，具有创新意义的设计活动

钣金设计

侧重将外观设计效果图通过钣金工艺设计转化为可制造的钣金工艺图纸，最终将外观设想以实物呈现

料为主的钣金制造工艺。

机床在诞生初期，由于上下工件需要手工操作，加工区域基本上是开放的。在多功能高速加工设备诞生以后，加工刀具转速加快，导致加工部位产生增温现象，影响加工精度。为抑制加工部位增温，促进加工顺滑，在加工部位采用持续喷淋切削液的方法，以降低刀具和工件的表面温度。为了限制切削液飞溅以及防止工件和刀具脱落飞出而对操作者造成伤害，在机床的外部增加了金属保护罩，将加工区域罩在里边形成相对封闭空间，于是便有了最初的功能性机床防护罩。直到 20 世纪末，机床外壳的作用基本是为了保护操作者和机床正常运转而存在。

外罩的诞生使机床的外部形态发生了变化，也促使外观设计概念出现。国际上对机床外观设计的高度关注也是从十几年前开始的。防护罩的功能性存在不仅构成机床外部的主要形态，防护罩的设计也逐渐成为企业产品特征的载体而受到重视。

我国机床外观设计从 21 世纪头十年开始起步，经过十几年的探索，国内机床产品整体上在美观方面有所改进，但外观设计的实用性与制造工艺的结合度仍存在很大问题。行业整体的制造工艺并没有因外观的改变而得到提升，钣金制造工艺水平进步不大。特别是行业内对机床外观设计的认知尚存在偏差，设计理论和设计实践方面的研究相对滞后，直接影响了设计观念的改变和设计水平的提高。

从需求方的主机厂到接受设计委托的设计师，再到设计方案最终实施的钣金制造方，普遍存在着对外观设计内容界定模糊，对什么是"优秀的设计"缺乏标准、缺乏统一认知而形成模糊不清的局面。

鉴于此类现象，本书倡导的机床外观设计，旨在审视机床设计制造全过程，重点讨论在机床的工程设计和钣金制造设计之间进行的、以应用和优化机床操作使用感受为目的，且具有美学提升和创新意义的外观设计行为；通过重点案例分析来定义优秀的机床外观设计，以及与其他工业制品外观设计有何不同、对行业有何贡献、为企业创造哪些价值，并深入探讨机床外观设计的发展趋势。

机床作为加工设备解决的是加工工具与被加工工件之间的工程问题；外观设计所关注的是机床使用者与作为工具的机床之间"人与物"的使用问题；而钣金制造是解决如何将设计方案转化成制品，最终解决的是和材料与工艺相关的制造问题。

本书着重讨论机床外观设计的目的，是通过包括视觉设计在内的一系列创新设计来协调人与机器的关系，其中包括人与机器设计、人与机器制造、人与机器使用、人与机器交互以及人与机器协调等几个不同层面的问题。

机床产品外观质量的提升对行业的贡献在于通过外观设计环节改进人机设计合理性，

改善操作体验，进而推动制造工艺的改进，提高机床设备功能与效率，最终实现制造一台"好机床"的目的。

不同性能的机床在基本布局和设计要求上差异很大，基本外形的差异也很大，很难用唯一的、固定不变的设计手法应对所有机床外观的设计。

在第三届中国进口博览会上亮相

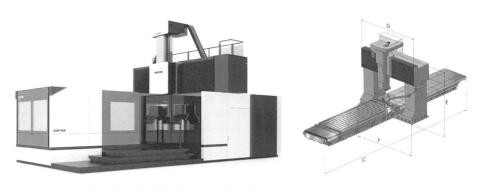

西班牙尼古拉斯克雷亚公司制造的 FOX-60 龙门加工中心

微雕机（沈阳机床集团）

的"巨无霸"展品，由西班牙尼古拉斯克雷亚公司制造的 FOX-60 龙门加工中心，仅工作台就有 6.5 米长，2.5 米宽，两个立柱间距离 3.25 米，单台设备总重 86.7 吨。即使如此庞大的设备，在机床家族里仍不是最大的。

而同属于金属加工设备的微雕机尺寸仅如洗衣机大小，可算是机床家族里的迷你宝宝。

本书试图站在装备制造领域的大视野下审视机床设备外观设计，从机床使用功能、造型过程、操作体验和钣金制造的工艺角度，重新思考外观设计的意义和价值，阐明其核心内涵和关注要点，主张行业内对外观设计要有正确认知，提升全社会对国内装备制造业外观设计重要性的关注度。

书中对机床外观设计的讨论并不涉及一般意义上美学、造型学的内容，这里提到的外形、色彩、材质均与制造有关，与机床操作使用有关，是一部从制造和使用角度展开机床外观设计要素讨论的、在机床的工具属性和工业化制造的语境下探讨机械美学的生成逻辑和发现过程的设计手帐。所有案例均来自作者亲身经历的实践记录，评述旁引就事论事，未必能上升至理论高度，也难以代表所有人的观点。

本书希望和读者一起走近机床、了解机床，通过具体案例触摸构成机床铠甲的钣金件，那些看似冰冷的钢铁部件其实也有性格，每一台机床的背后都有温暖的故事。机床离我们的生活并不遥远，通过对机床的使用环境、生产加工材料、特殊加工工艺的介绍，了解机床外观设计流程与美学逻辑，试图为参与机床外观设计和即将投身此事业的朋友们提供若干参考意见。

1 中外机床行业发展简要回顾

1.1 新中国成立前我国基础制造业的百年兴衰

新中国成立前的百余年时间里，我国几乎没有规模化的机械加工产业。1840年鸦片战争后，西方资本侵入中国，开启了中国近代工业化时代。最初在中国设立的外资工厂主要是为外商对华贸易提供加工服务，加工设备均从国外输入，地域分布主要在江浙及东南沿海地区，主要从事船舶修造业和丝茶等出口商品加工业。其中的江南制造总局、福州船政局、天津机器制造局和湖北枪炮厂，相对规模较大且设备比较齐全，是中国近代工业创建时期成规模的大型工厂。军需工业的率先起步也促进了19世纪70年代民用工业的兴起。一时间除了洋枪洋炮之外，洋车、洋钉、洋灯、洋火等，各种冠以"洋"字名称的国外工业产品进入国内市场，成为那个时代新兴和前卫的象征。

20世纪初期，江浙一带兴起织布建厂热，各地纷纷建起织造厂，大量引进英国、德国的设备，开始规模化、机械化生产纺织品。这也是国外的加工机械规模化地进入国内民用市场的开始。

与此同时，在清末洋务运动主导下的军工企业也得到了快速发展。延续到民国时期的沈阳兵工厂（奉天兵工厂）、太原兵工厂、巩县兵工厂、汉阳兵工厂算是当时机械化程度最高、设备最好的军工企业，加工设备大多是从德国、英国进口的机床。其中，汉阳兵工厂是晚清时期洋务运动的代表人物张之洞在湖北主持创办的军工企业，原名湖北枪炮厂，于1892年动工，1894年建成并投产，是晚清时期规模最大、设备最先进的军工企业。

这一时期由于各种机械化加工设备的引进，改变了部分行业自古以来纯手工制作的传统，在提高了生产效率的同时，民族工业实现了从无到有的跨越。但是这一时期几乎所有的新型加工设备都是从国外引入，我国的机器制造行业尚没有自主设计和制造的能力。

纺纱车间与织布机

奉天兵工厂旧照　　　　　　　　　　太原兵工厂旧址

汉阳兵工厂生产的大炮

位于今河南巩义市孝义镇的巩县兵工厂

巩县兵工厂徽章

巩县兵工厂生产的中国步枪，在德国
二四式步枪的基础上加长了刺刀，缩短
了枪托，适合中国人的体型（1933年）

1.2 新中国建立 30 年间我国的机床工业

新中国成立初期，我国的机床产业几乎是空白，没有自主设计生产能力，更没有成规模的机床工业行业体系，当时接管下来的机械厂大都是日本侵华时遗留下来的老旧设备。1950 年周恩来总理在访问苏联时，曾指示相关部门进口了各类机床 11115 台。这批宝贵的建设装备首先用在机床工业建设上，可见老一辈国家领导人对机床行业的高度重视与战略前瞻。

20 世纪 50 年代从苏联进口的 6140 球面车床，曾加工制造了我国第一枚原子弹的关键部件（现存于中核四〇四公司展览馆）。

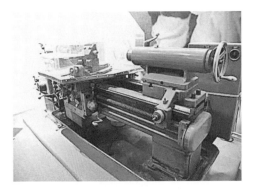

功勋车床 6140

1952 年底，国家决定在第一机械工业部设立第二机器工业管理局，统一领导管理全国机床行业。按照全面规划、合理布局的原则调整产品发展方向，对接管的一批机器厂和机械修理厂进行扩建和改造。在苏联的援助下，改造和新建了 18 个机床厂和 4 个工具厂，并确定了各自产品分工与发展方向。这就是建国初期扛起建国重任的"共和国十八罗汉厂"，它们成为我国自主的机床行业骨干企业，构成了初步的行业体系。这批建国初期机床行业骨干企业经历了七十年的兴衰，见证了我国机床行业的发展历史和艰难历程。

"十八罗汉厂"分别是：齐齐哈尔第一机床厂、齐齐哈尔第二机床厂、沈阳第一机床厂、沈阳第二机床厂、沈阳第三机床厂、大连机床厂、北京第一机床厂、北京第二机床厂、天津第一机床厂、济南第一机床厂、济南第二机床厂、重庆机床厂、南京机床厂、无锡机床厂、武汉重型机床厂、长沙机床厂、上海机床厂和昆明机床厂。

沈阳第一机床厂，1935 年日本人建厂，新中国成立后由人民政府接管并成立沈阳第一机床厂。

新中国第一枚金属国徽，1951 年诞生于沈阳第一机床厂，七十多年来依然悬挂在天安门城楼上。

沈阳第二机床厂，1960 年命名为中捷友谊厂，后并入沈阳机床（集团）有限责任公司

全国劳动模范、新中国第一个"先进班组"、齐二机床的马恒昌小组

济南第二机床厂于1953年研制出中国第一台大型龙门刨床

现在的济南第二机床厂

济南第二机床厂的前身是1937年日本侵略军强占山东军械库后建立的"北支那野战兵器厂济南支厂"。抗战胜利后作为兵工厂几经变迁,于1949年合并为"济南工业局第二厂",由军工转产为民用。1953年划归第一机械工业部直接管理,定名"济南第二机床厂"。

七十年前一家小小的兵工厂,而今已跃升为全球经营规模第一的冲压机床制造企业。经过多年发展,济南第二机床厂现已成为全国机床行业大型重点骨干企业,是中国规模最大、品类最全、综合制造实力最强的锻压设备和大、重型金属切削机床制造企业,也是世界最大的机械压力机制造商之一。

1953 年—1957 年的"一五"期间，是我国机床工业的起步阶段。国家建设重点是在清理战后废墟的同时，也在规划新中国的方方面面，国民经济处在艰难的调整时期。"一五"期间，机床产品主要采用苏联图纸或仿制品，产品主要服务于国家的重工业和机械工业的基础建设，为我国汽车、拖拉机、内燃机、轴承、电机等行业提供了大量的重要装备。

1958 年—1962 年的"二五"期间是我国机床行业完善提高的阶段。重点发展重型机床、精密机床、锻压机床等，机床产业门类基本齐全，制造加工技术也在不断完善，由国内厂家自行设计制造的机床陆续投入到国家建设和民生保障企业中。

抗美援朝战役结束后，国防建设对高精度精密机床的需求日益增长，而当时国内还不能自主生产高精度精密机床。国家动员全国机床行业自力更生进行"会战"，不仅为"两弹一星"工程提供了重要的加工设备，也从此建立了我国高精度精密机床产业，初步具备了大型、精密、高效机床和专用机床的生产能力。

1966 年—1975 年的"三五""四五"期间，由于"文化大革命"的影响，机床行业在创新发展的轨道上放慢了速度，与发达国家拉开了距离。

改革开放后的 1981 年—1985 年的"六五"期间，是我国数控机床的起步阶段。而此时国外的数控机床已经十分普及，制造技术也随着新材料新工艺的投入，加工效率和精度得到飞速提高。我国恰恰在这个时期正处于行业的调整阶段，机床控制技术和制造技术远远落后于发达国家，特别是数控技术方面的研发几乎是空白。

1986 年—1990 年的"七五"期间，在改革开放的大背景下，与国外同行企业交流窗口逐渐打开，开启了我国数控机床与国外企业的合作生产阶段，各种机床产品特别是数控机床的生产能力迅速提高，中大型加工设备的技术攻关也取得一些成果，基本实现了自主设计、自主生产，我国的机床产业进入了前所未有的以规模膨胀为主要特征的快速发展阶段。恰在此时，国外的机床企业纷纷进入国内市场，借助合作生产的机会逐渐参与到国内机床行业的市场竞争中。

1.3 改革开放40年我国机床行业的发展

80年代机床走出大工厂——开启加工业的辉煌

20世纪80年代随着改革开放政策的实施，来料加工方式在我国加工业相对发达的东南沿海地区和经济特区率先展开，机床等各种加工设备第一次如此快速地走出大工厂，走进东南沿海地区的乡办村办企业。这期间如果你来到江浙、福建、珠三角等发达地区的大小村镇，都能听到各种机械设备有节奏的转动声，中国迎来有史以来第一次加工业革命。各地规模大小不等的加工厂日夜开工，努力催化一个世界超级加工大国的形成。机床和各种加工设备的需求呈爆发式增长，促使机床生产企业加大生产力度供应市场，短时间内国内机床行业呈现如火如荼的兴旺景象。

20世纪90年代—21世纪初 —— 一哄而上的虚假繁荣

活跃的市场需求促使生产企业不断地扩大产能，主机厂产品供不应求，机床成为社会紧俏商品，甚至需要"批条子"走门路才能尽快拿到货，行业效益格外看好。一时间各地加工企业的老板们因买不到急用的机床设备进而打起了自己造机床的主意。另一批在其他行业里赚到了第一桶金的人，把目光转向火红的机床行业，纷纷买地建厂做机床。这几年间的机床行业早已不再是"十八罗汉"的天下，而是千军万马齐上阵，新的机床厂遍地开花。

国内的机床企业很少有完全自主研发的设备，几乎是继承苏联老机床的基本结构，以几乎相同的图纸各自进行加工生产，同质化现象十分严重。一些新入行的机床厂只看到这个行业一时的兴旺，将机床生产看作赚钱的生意，根本不具备基本的研发和技术消化能力。再加上同行的不当竞争，降价出售成为唯一的促销手段，机床产品质量严重下滑。

从行业整体发展的角度看，中低端机床技术水平没有得到提升，反而因产能过剩和恶性竞争导致产品质量严重下滑。而产量不多的中高端机床因其主要部件严重依赖进口，涉及中高端设备核心技术的研发领域依旧是空白。所谓机床生产基本是买来进口关键部件在铸件上进行组装，巨额部件耗材成本消耗掉绝大部分制造收益，一部机床的售价几乎是按重量卖出的钢铁钱，企业效益严重下滑。表面上的景气繁荣掩盖了行业结构上的旧伤，严重阻碍了机床行业健康发展的脚步。

进入新世纪，国家实施振兴装备制造业的重大国策，明确提出发展大型、精密、高速数控装备和数控系统及功能部件。试图改变大型、高精度数控机床大部分依赖进口的现状，满足日新月异的国民经济发展需要，特别是满足国家重点工业领域发展的需要。在国家政策支持和市场需求拉动下，数控机床产业实现跨越式发展，数控机床产量逐年以两位数的速度增长。

到 2008 年，经过近 60 年发展的中国机床工业，形成了门类齐全的产业体系，从中低到中高端机床产品实现了自主设计、自主研发、自主生产。我国机床保有量占世界机床总量的1/3。国内的一些企业也把目光聚焦到数控机床的核心——数控系统，进行深入研究，自主开发我国自己的数控系统和柔性加工设备。

2008 年 9 月，源于美国的次贷危机引发全球金融危机。已经部分融入全球经济活动的中国制造业受到全球经济危机波及和国际市场消费需求改变的影响，行业景气指数直线下滑。国内市场严重萎缩，大量外国企业将加工业务转入东南亚，国内制造业跌入低谷，一时间中小企业纷纷"关停并转"，原本火爆狂飙的机床行业突然间失去了最基本的加工业终端市场，仿佛一日之间进入了冰雪严冬，机床厂的成品大量积压在仓库里经受着瑟瑟寒流。

最近十年——在市场经济中艰难前行，自我繁殖而缺乏创新

经历了 40 多年改革开放的中国制造业在 20 世纪的第一个十年进入发展的低谷期，市场环境也在悄然发生着变化。国内加工业从最初的来料加工到代工生产，从技术工人短缺到用工费用攀高，人口红利释放殆尽，曾经喧嚣一时的机床市场逐步回归理性。30 年的大好机遇释放了大量中低端机床产品的需求，也催生出一个庞大的机床产业，曾经的繁荣并没有让国内机床行业整体实力得到提高。

进入市场化经营的机床企业纷纷围堵严重萎缩的国内加工业，而此时已经进入国内市

场的国外品牌采用降价策略，导致同质化严重的本土产品失去了竞争力，国内机床行业受到严峻的挑战。由于自主核心技术研发严重滞后，高端机床和主要部件严重依赖进口，而低端机床产能过剩，产品库存居高不下，昔日的火热场景不再上演。

回顾新中国成立以来到 2010 年前后，国内的机床产品尚没有真正意义上的"外观设计"。作为加工工具的机床，其设计只满足最基本的加工功能需要，机床的基本运行结构件加上外层防护罩构成了机床的整体样子，天然形成了那个时代的"机床外观"。

钣金行业的加工设备虽然有所更新，部分企业开始使用数控设备进行钣金加工，但由于经营理念落后，管理粗放，行业标准偏低，行业整体没有走出作坊式的加工状态。再加上各个厂家的图纸大都是继承了苏联产品的基本结构，导致市场上不同厂家的同类别产品犹如同胞兄弟，很难区分不同生产企业的个性和产品风格。因此，20 世纪头十年国内机床外观设计基本处于空白状态。

1.4 二战后国际机床行业发展概览

战争消耗的是基本国力，拼的是制造业的综合实力。而战争往往成为制造业技术进步的重要推手。两次世界大战在客观上促进了各国制造业能力的提升，战后的恢复期又将各自发达的军工制造能力释放到民用产品中。二战后巨大的市场需求使各发达国家机床制造业迎来空前的发展时期。机床加工能力因计算机技术的导入而获得重大突破。

北欧地区历来有着深厚的制造技术积累，在造纸、水泥加工、汽车制造、风力发电设备等领域的制造技术都是世界领先的。以芬兰、瑞典为核心的北欧国家至今依然保持在制造业方面的高水平。而以法国、瑞士为首的钟表、首饰加工技术代表了精密加工的至高水准。

英国作为世界第一个工业国家，无论在战前还是战后一直保持着先进的制造能力，如今已广泛普及的许多机械设备大都是从工业革命时代的蒸汽机发展而来的。当今英国在飞机发动机、高速列车、豪华汽车等领域的制造技术依旧领先全球。

德国在汽车、工业机器人、高端机床制造等领域一直引领着世界行业标准。德国制造业持久的高品质源于严格执行的行业标准以及持续不断创新的源动力。2013年汉诺威工业博览会期间，德国制造业率先提出"工业4.0"的概念，将信息化技术与先进的加工技术相融合，此举将德国原本发达的制造业导入智能制造的快行道。

日本和美国的制造业都很发达，特别是高端机床的研发制造能力世界领先。战后美国的汽车产业曾享誉全球，后来居上的日本以品质优良、节能耐用的轻型汽车横扫世界汽车消费市场。20世纪70年代后的日本家用电器更是风靡全球，改变和影响了民用消费市场。

无论汽车还是家用电器，其背后的制造基础都离不开机床。一个发达的制造业背后一定有一个先进的机床加工业作为支撑。而计算机技术的应用为机床加工能力的快速提升提供了可能。在计算机控制下运行的机床叫作数控机床，诞生于战后军工产品的高难度加工需求。

二战后期作为破译敌方通信密码的计算机技术得以发展并广泛用于军工领域。现代的数控技术是20世纪40年代开始研发并实际应用在加工领域。CNC是Computer Number Control的缩写，是基于计算机数字控制机床运行设备的简称，又称数控机床。数控机床是在装有控制程序的操作系统控制下的自动化机床。该控制系统能够严格执行编辑好的加工指令，对刀具的移动方向、切削轨迹、转速等数据进行预设，从而使机床按预先设定好的程序自动完成复杂零件的精密加工。

数控工作母机的概念起源于20世纪40年代的美国。1947年，John T. Parsons开始尝试借助电脑对机床的切削路径进行计算，被看作是针对数控技术的初步探索。应美国空军的需求Parsons公司与麻省理工学院合作，在轮廓切削铣床方面投入大量研发力量，将电脑数控系统应用在辛辛那提公司的铣床上进行联合试验，于1952年研发出世界上第一台数控机床。

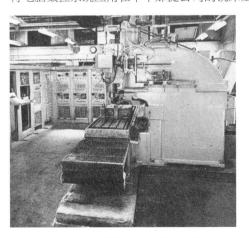

世界第一台数控机床（1952年美国）

世界第一台加工中心诞生于1958年，由美国卡尼－特雷克（Kearney & Trecker）公司首先研制成功。它在数控卧式镗铣床的基础上增加了自动换刀装置，从而实现了工件一次装夹后即可进行铣削、钻削、镗削、铰削和攻丝等多种工序的集中加工，被业内称为加工中心（Computerized Numerical Control，CNC）。1966年，该机床于芝加哥博览会上展出，引起各国关注并迅速得到应用和发展。

1958 年，麻省理工学院也开发出可实现初步自动编程设备（Automatic Programming Tools，APT）。1959 年，日本富士通公司进一步为数控设备做出两大突破：发明油压脉冲马达与代数演算方式脉冲补间回路。这两项成果加快了数控技术在机床加工领域投入应用的步伐，数控加工技术一举成为发达国家重点研究的领域。

自从第一台数控机床投入应用以来，数控技术在制造业，特别是在汽车、航空航天以及军事工业中被广泛应用，数控技术在硬件和软件方面都有飞速发展。数控加工设备已成为机床工业的主流产品。

随着 CNC 的导入，复杂工件加工效率大大提高，模具开发成本大幅度降低，汽车改型变得更容易。汽车制造成本的降低得以在更短的周期推出新款。奔驰车过去改款频率在 10 年左右，复杂的模具加工耗费了大量的成本。现在基本是两年推出一代新款，这不仅是市场环境和消费习惯促成的改变，更是技术进步带来的变化。

未来数控机床的类型将向两级发展。一是根据不同行业的不同加工要求而专门开发的专用加工设备，称为专机。如针对手机加工而开发的钻攻中心，为贵重金属精密加工而设计的台式精雕机。另一个方向则是将多种加工要求集中于一台或一组设备的多工序柔性自动加工成线设备。工业机器人、激光加工、增材加工等新技术将逐步应用在加工设备上，从而扩大多工序集中整合的技术应用；工业互联网概念和 5G 技术的引入，使数控技术在远程监控、无人工厂、柔性制造等领域会有更加广泛的应用。

工业机器人在装备制造领域的应用发展很快，机械人的研发最初是从机械手开始的。1958 年，由美国联合控制公司研制出第一台机械手。机械手能模仿人的手臂动作，按固定程序完成抓取、搬运物件或自动操作工具。它可代替人的繁重劳动以实现生产的机械化和自动化，能在有害或特定环境下长时间稳定运行，因而广泛应用于机械制造、冶金、电子、轻工和原子能等部门。

近几年异军突起的工业机器人主要集中在汽车制造、仓储搬运、港口集装箱装卸等领域。各种焊接机器人、喷漆机器人、搬运机器人在生产中被大量采用。应用在医院、餐饮等行业的服务型机器人也在逐年增多。特别是新冠疫情期间服务于方舱医院的机器人，在特定的环境下减少了不必要的人员走动，为减少交叉传染发挥了积极的作用。

广义上的机床一般是指切削机床，即通过加工设备对工件进行车、铣、刨、磨、镗、切、钻等加工手段，将毛坯工件上多余的部分去除，称之为减材加工。近年来随着新材料、新技术研究的突破，3D 打印技术开始走进金属加工领域，作为传统的金属切削机床之外

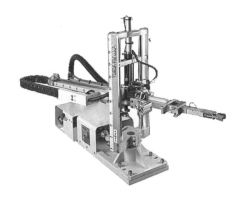

美国联合控制公司于 1958 年研发的第一台机械手　　　增材溶堆成型技术应用场景

的全新加工手段而备受关注。此项技术由美国工程师 Dr.Scott Crump 于 1988 年研制成功，被称为熔堆成型技术（Fused deposition modeling,FDM），研究之初只是针对 PLA、ABS、尼龙等材料进行的增材加工实验。

　　3D 打印技术在金属加工领域的应用还处在探索阶段，尚未形成可以完全取代减材加工的技术手段。但是作为传统金属切削加工手段的补充，特别是针对特殊领域的超复杂工件加工，熔堆成型技术的前景是值得期待的。

　　随着 5G 技术在智能制造领域应用的不断深入，传统加工设备的基本形态或将发生改变，人与机床的互动关系随着信息交互需求和操作方式的改变，人—机—信息—物的存在方式和依赖关系也将发生重大改变。而这样的变化势必影响到机床的外观形态，就像当初曾经裸露的床身披上金属外罩一样，或许我们正在接近一个重新定义机床外观形态的时代，而在它真的到来之前，我们必须对机床有所了解。

本章要点

本章简要回顾了我国机床制造业百余年从无到有，新中国成立后在自主制造之路上艰难起步的历史，重点梳理了改革开放以来 40 年间国内机床行业的飞速发展历程。回顾了国际机床行业受计算机技术崛起的影响，数控机床和工业机器人领域的发展历史。数控机床的广泛使用在快速提升世界制造水平的同时，也为智能化制造奠定了坚实的基础，制造业先进的发达国家将进入智能化新时代。

2 机床外观设计概念的形成与发展

2.1 辉煌与空白交织 —— 中国机床"防护罩"时代

机床，作为生产机器的机器，被机器加工出来，又去加工新的机器。20 世纪 80 年代以前的市民生活似乎离机床很远，几乎很少有人关注它。随着改革开放的深化，毗邻香港的珠三角地区涌现出大量的小型工厂，"三来一补"（即来料加工、来样加工、来件装配和补偿贸易）成为当年的热词。遍布于长三角、珠三角以及福建沿海地区密集的加工厂盘活了我国的设备制造业，各种加工设备供不应求。从广东的东莞到浙江的义乌，各种箱包皮具、龙头摆件、五金杂货都有工厂日夜不停地生产。从缝纫机、制鞋机、注塑机到模具加工、电脑手机组装，品类繁多的加工设备释放出巨大的市场需求，也促成了机床行业十余年的兴旺与繁荣。一时间机床行业一机难求，因此催生了一批土生土长的中小机床厂，低廉的售价自然生意异常火爆。巨大的市场缺口导致机床行业正规军和杂牌军都经营得风生水起，行业市场空前火热。

市场需求量放大，低层次产品过热，机床的品质有所下降。而无论是主机厂还是机床买家，都在加班加点地忙生产，谁也顾不上关注所谓"外观"如何，只要机床生产出来就有人买，只要机器转动起来就有钱赚。就像东南沿海小作坊里的工人汗流浃背地光着膀子干活一样拿订单出产品。大型机床厂的机床产品往往也是全裸着钢铁的身躯，挂上合格的牌子就装车出厂了。

加工业爆发式的市场需求成就了机床行业短期的制造繁荣，导致疯狂复制量产机床，早期"十八罗汉"的产品分工壁垒早已打破，千军万马上机床，什么好卖做什么。如此大规模的市场洪流裹挟着大量同质化严重的低端产品流向市场，导致出现产品质量一路下滑而产品数量却超英赶美，一跃成为世界机床产销量第一的畸形现象。核心技术研发严重滞后，更没有人顾及"外观"的优化，外观设计完全处于空白的冰河期。

"大罩"是机床行业对机床外部罩住加工区域铁质外壳的俗称，也叫"外罩"或干脆就叫"防护罩"。其作用主要为了保护操作者安全，防止切削液飞溅以及防止油雾弥漫而采取的保护性措施。在那个机床行业几近疯狂的爆发时代，所谓机床的"外观设计"还是个与机床八竿子打不着的"多余"的事。"防护罩"成为那个时代行业内对"外观"最准确的称呼，防护的作用几乎是大罩最核心的使命。这个称呼和概念一直延续到 21 世纪。

2.2 艰难中前行 ——中国机床外观设计的探索与实践

2008 年北京奥运会精彩落幕。那一年的初秋，当时国内规模最大的机床生产企业沈阳机床集团董事长、总经理关锡友来到位于北京通州一个由旧仓库改造成的创意公司——润富堂，他此行的目的是寻找可以为机床产品提供外观设计的供应商。一同来访的还有时任沈阳机床中央研究院的院长和几位产品事业部的技术经理。在此之前，润富堂已经和沈阳机床集团在产品名录设计、印刷制作、展览设计、企业空间规划等方面成功合作了十几年，润富堂对于机床并不陌生。

关总开门见山，向坐在会议桌对面的创意公司总经理说："润富堂展览设计、广告印刷做得都不错，我们合作了十几年，你们对机床也有一定了解，能不能尝试做做机床外观设计？"会议桌对面的总经理从厚厚的眼镜片后面看着关总，在烟灰缸里捻灭了刚刚点燃的香烟喃喃地说："没做过，我试试看。""给你两个月，先做一台看看。"关总坚定地说。

其实在这次来北京之前，关总带着他的技术团队已经在全国各地跑了半个多月，找遍了大江南北知名院校的设计院所，也拜访了他的母校上海同济大学。当问到能否有人做机床的外观设计时，得到的回答是：您看，我们忙汽车的设计订单人手都不够，机床的外观哪有人做。甚至更多的人会问，机床也要做外观吗？这就是十几年前的中国，这就是向世界呈现了一场精彩绝伦的奥运盛会，却在机床外观设计领域无人问津的中国机床制造业。

回想那个年代，机床产品可是热门资源，供不应求。工厂门口等候拉货的卡车排着长队，还有不少人想打点各种关系，只为能早点买到机床开工。就在表面辉煌的背后，具有深邃洞察力和战略眼光的关总看到了潜在的危机。

关锡友，1988 年毕业于上海同济大学机械制造专业，曾任沈阳机床集团董事长、总经理，高级工程师。当国内的机床企业在热销的幻境中自我陶醉时，他却以对行业发展的深度思考和敏锐的眼光洞察到中国装备制造领域长期受限于机床制造的短板。"我们造机床不是卖不出去，现在这个卖法不行，卖机床按机床重量定价不行。"没有自己的核心技术，除了加工精度和稳定性有待提高，机床外观也一直是关总心里的痛。

每每带队参加国际机床展览，我们生产的机床总是灰头土脸，显得无精打采的。当时的机床外观还完全停留在"防护罩"的时代，机床只满足于能开机、能干活，对操作工的内心感受根本无从谈起。生产企业如不主动作出改变，终将失去竞争优势，失去市场，进而失去再生的机会。

机床产业的提升牵涉到诸多核心技术研发以及制造技术和材料工艺水平的提升，要想实现根本的改变不仅需要时间和经费的大量投入，还需要有核心技术的长期积累。而外观的改变可以为行业寻找一个突破口，得以在短期内看到变化。

北京润富堂的总经理虽然在关总那里接受了外观设计任务，可当时公司三十几个设计师，没有一个是从事外观设计的。说干就干，从发布招聘信息、面试到有三位工业设计专业毕业的设计师来公司报到，仅用了一周的时间。这就是他经营了十几年的润富堂，一个成功实现跨行业整合服务的高效率设计公司。

北京郊外的深秋，明媚的阳光投射在润富堂会议室洁白的砖墙上，产品设计部成立后的第一次会议开始了。总经理说：招聘各位来是要为国内首届一指的龙头企业做机床的外观设计，机床的外观怎么做，我也不知道，国内可能也

北京润富堂产品设计部诞生

没人知道，因为大家都没做过。望着三位设计师懵懂的脸，他接着说：没人做我们就先做做看，怎么也不会比现在的外观差吧。

就这样，他带着几名刚毕业的设计师一头扎进机床课题里开始摸索。概念、草图、二维看样，忙了两个星期，会议室的墙上贴满了手绘草图。远远地看过去，有的像微波炉，有的像咖啡机，就是怎么看也不像机床。

设计部的会议大都在深夜进行，会议室里弥漫着浓浓的烟雾。总经理站在贴满草图的墙边说：你们在学校对家电的设计看多了，总是做小家电的思路不行，机床是机器设备，是人来操控的，要有足够的体量，要放开。

又是几个不眠之夜，墙上的草图贴了一层又一层。从来没有和机床近距离接触，很难准确把握机床的体量感。

一天在加班后回家的路上，设计师经过地铁口，看到开着宽大窗口的快食餐车，从中得到了启发，连夜手绘了草图拿来讨论。这回大伙好像开窍了，方案一个接着一个地贴上了会议室的墙面。

准备提案的前一天，设计师们把经过几个通宵设计的效果图打印出来，认真地贴在提案图板上，像赶考的学生等待提交自己的答卷。

两个月的期限很快就到了。关总带着他的核心团队又一次来到润富堂的会议室，他盯

手绘草图提案前的准备

着墙上陈列的设计方案，足足看了半个小时没有说话。设计师们心里开始惴惴不安，不知他们两个月的努力在这位资深机床行家眼里将得到怎样的评价。关总回到座位坐定，满怀激情地说：这两个月没白等，我看你们能行！会议室凝固的氛围一下子被融化了，凝神静听的设计师们深深出了口气。关总接着说：可是啊，墙上挂的这些设计图，还不能成为机床，最多只是一张皮。可就算是皮，你们想的也比我们这些整天鼓捣主轴丝杠的技术员们想得好，你们有想法，有突破，有希望，沈阳机床外观这事儿就交给你们了！

掌声，发自内心的掌声！能得到专家的肯定，这两个月的心血没有白费。润富堂总经理摘下眼镜，诚恳地说：谢谢关总的肯定，我知道，在您眼里我们的方案还很幼稚，我们对机床的了解才刚刚开始，但是润富堂愿意继续做下去，从了解机床开始。

接下来的两个月，润富堂设计团队一头扎在机床结构图纸堆里，恶补机床的基本结构知识。设计师们还来到沈阳机床厂的组装加工现场，站在机床实物前了解机床的运行原理，向工程师询问机床的操作使用方法。哪里是接水盘，哪个是主轴，拉罩如何运动，绞龙怎么排屑，油水如何分离；一个立式加工中心要有多少个零部件，它和卧式加工中心的结构有何不同；了解到一个普通车床的外罩在安装时就像人穿衣服，有严格的前后顺序，否则就装不起来。

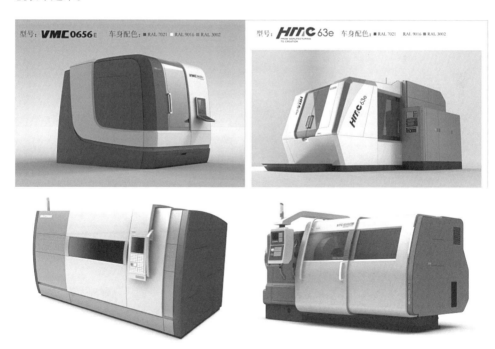

最初的机床外观设计概念图

有关机床的基本常识在不断充实着这些刚从大学毕业的设计师们的头脑。他们曾经对吸尘器、学习机、摩托车头盔的外观设计得心应手，但对机床的基本结构却是陌生的，超越了以往对产品设计的认知。随着对机床结构的逐步认识，设计师对外观设计的想法也逐渐找到了落地点，慢慢地开始入门了，画出来的草图也开始有了机床的模样。

AH110镗铣床设计前准备装箱出厂的成品

第一件通过客户认可的设计是沈阳机床集团自主开发的世界首台自动卧式镗铣床AH110。这样的设备在用户工厂一般作为工具来使用，对外观从来没作要求，生产线上的成品几乎是裸机状态就装箱发运了。

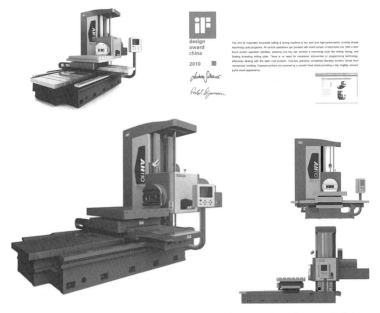

AH110镗铣床（2009年润富堂设计／获2010年IF中国设计奖）

这个设计在2010年南京展会一经推出就受到机床行业用户的广泛好评，展出三天就挤爆了全年的订单。担心加工速度满足不了用户需求，展会第三天不得不贴出停止订货的免战牌。这也是多年来少有的通过外观设计成功改变产品形象，被用户市场广泛接受的成功案例。该设计因此获得当年IF中国设计奖，也是该奖项第一次颁给机床类产品。

2.3 2010年南京展会——中国机床外观设计起步的地方

国内机床行业规模最大、最具专业性的展会有两个，即 CIMT 中国国际机床工具展（北京展）和 CCMT 中国数控机床展（上海展）。CIMT（北京展）、EMO（欧洲展）、JIMTOF（东京展），IMTS（芝加哥展）是国际机床业界最具权威的四大展会。通常，北京展和欧洲展在同一年举办，两年一届。东京展和芝加哥展在同一年举办，也是两年一届，与北京展错年轮展。2010 年的上海展由于上海市举办世博会等原因临时转移到南京举办，也就有了充满传奇的中国数控机床南京展会。

2008 年国内机床企业众生相

这是拍摄于 2008 年 4 月国内最大的机床行业展会的照片，彼时的国内机床行业一片繁荣，各大机床企业都满负荷生产，订单爆满。行业展会吸引了众多国内外客户前来参观，聚光灯下的机床产品虽然来自国内不同企业，但一个共同的特点就是彼此没有特点。十年前国内的机床行业在营销方式上基本沿袭了最传统的销售方式——"赶大集"式销售。每年在特定时间大伙都来到特定的地点，把各自的货物摆在那里，走一走看一看，议价成交，集市解散明年再见。从展会照片中可以看到，当时国内机床企业存在着明显的同质化现象，各自的产品长相差不多，性能也差不多。要不是看展位门头的企业名称，很难分辨出是哪家企业的产品。

展前预告推广

　　2010年南京展之前，国内还没有哪家大型企业将全线产品统一进行外观设计，更没有企业在展会开幕前进行预告式企业形象推广。当年刊登在专业杂志《机床工具》的这张企业广告上写着："经过一个静谧冬季的孕育，我们决定四月绽放。"在今天看来，它预告的是中国机床行业外观设计破冰时代的到来，远远超越了一个企业展会推广的价值，对于中国机床行业有着特殊的纪念意义，2010年南京展也就成为具有特殊观察价值的标志性事件，中国机床的外观设计从此开启了新的一页。

2009 年沈阳机床集团的产品

　　2009年的沈阳机床集团是国内规模最大的机床生产企业，扛着"中国机床产销量第一"的大旗一路狂奔。回看当年未经统一设计的纷乱产品线，那几乎是在裸奔。作为国内首屈一指的专业化生产企业，众多的产品系列没有统一规划，没有统一特征，甚至统一的涂装色彩也没有。高矮胖瘦自由生长，红黄蓝绿随心所欲。当问到为什么有这么多涂装色彩，回答是"用户要什么色就整什么色"。

如此随意，如此"奔放"，这就是当时的中国机床。

就在 2010 年 4 月开幕的南京展上，沈阳机床集团首次以全新外观的全线产品和独具特征的展位设计登陆展会，让国内外同行眼前一亮，在行业内引起不小的轰动。从统一的外观造型，到和谐的材质配色、醒目的企业标识特征，再到稳健大气中国红的展陈形式，中国最大的机床企业以全新姿态闪亮登场，让国内展厅首次爆棚，展位被众多的参观客户围得水泄不通。这一标志性事件不仅是一个企业的成功，还预示着国内机床行业从简单复制疯狂量产的粗暴发展模式中苏醒，在与国际同行共同亮相的舞台上照见了自己的身段。从严重同质化的行业丛林中走出裸奔时代，将产品外观作为赢得市场竞争地位的重要手段，品牌经营观念开始转变，引领中国机床产品从此开启外观设计的时代。

2010 年南京展会沈阳机床集团展位设计

沈阳机床集团首台定型产品 VMC0656e

2010 年南京展会沈阳机床集团全线产品新外观

2010 年的南京展会上，沈阳机床集团参展设备有大小不同 20 多台套，从普通车床到立式加工中心、卧式加工中心、落地镗床，体量差异巨大，通过良好的系列化设计，呈现统一的企业特征。再加上与展品风格高度统一的展位设计，令参展的业内同行耳目一新，印象深刻。

2010 版外观床身涂装信息设计（沈阳机床集团）

　　在 2010 年南京展会推出第一批外观后的 2013 年，沈阳机床集团对全线产品又做了一轮重大调整，在 2010 版设计基础上，重点在制造工艺与新材料运用方面进行了优化设计，使新外观钣金工艺更加合理，在材料加工、生产组装、操作体验等方面又有了新的提升。

　　在设计风格上更加强调工业制品的严谨与理性，严整的深灰与浅灰色以接近黄金分割比的比例合理地分布于床身，有节制的红色带强化了企业产品独有的造型特征 DNA，使原本体量差异悬殊的不同类别机床显示出家族的统一特质，精密感油然而生。制造与科技的美感进一步接近国际同行的审美趋向。

2013 年北京展会沈阳机床集团全线产品新外观

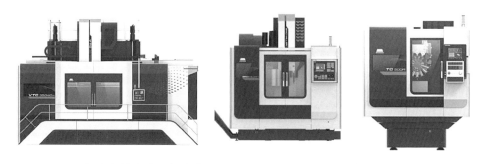

2013 年北京展会沈阳机床集团优化版（材料工艺/钣金结构）产品外观

外观设计虽然提升了产品的颜值，让人眼前一亮，但并不意味着国内机床品质有所提升。衡量机床品质的重要指标——精度和稳定性不会因外观的改变而得到提升。然而，外观的变化却成为一个突破口，在行业内触发一系列积极的连锁效应。

机床外观设计的投入结束了机床外壳作为保护罩的单一使命，造型方面的突破会对传统钣金加工工艺提出新的挑战，进而对钣金加工企业的管理方法、员工技能、关键设备都提出新的要求。要满足新外观对制造的要求，就必须对传统加工工艺进行改进，而外观设计的开始也促使国内钣金加工企业必须登上一个新台阶，让制造的魅力在机床产品上得以展现。外观的变脸考验的是钣金加工行业的实力，就像制作新衣考验的是裁缝的手艺。

2010 年前后，世界知名的机床企业几乎同时对机床外观进行颠覆性的改变。而此时

2014 年推出 i5 系列

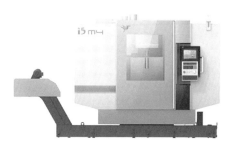

i5-M4 / T3.3

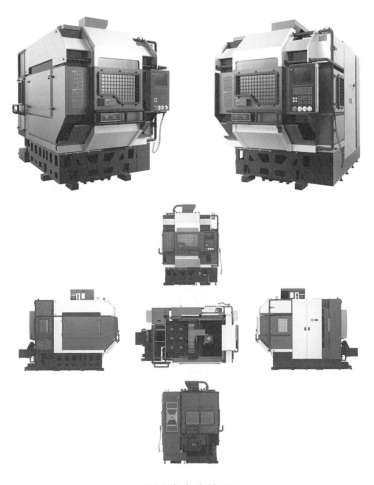

2016 年上海展 M8

2017 年 北京展 M1

2010南京

2013北京

2014上海

2014芝加哥

2015北京

2016上海

2017北京

…… ……

国内的机床外观设计意识尚在形成当中，但由于外观设计观念的偏差和国内机床行业发展的局限，行业总体的改变并不大。决定机床外观生产加工的钣金行业即使拥有国际一流的加工设备，因工艺管理落后，制造标准不清，也会导致最终的产品良莠不齐。

机床外观的改变对一个企业来说是件大事，除了大量资金投入以外，生产加工的各个环节都要进行调整，以适应新外观。装配线要调整，工装要调整，图纸要调整，甚至管理流程、服务供应商也要调整。这对一个生产秩序执行良好的企业来说是个不小的动作，要求企业的决策者对外观设计带来的改变要有充分的认知，并且要有坚定的不折不扣、执行到底的决心。

西方国家经历了文艺复兴和工业革命，对人性的关注、对美的追求带来生活观念的改变。科学与艺术的结合创造了辉煌的欧洲文化，也影响着机床制造领域对美的呈现。对价值和品质的认知，信守承诺的契约精神，成就了这些企业对至优结果的追求以及品质至上的理念。法国作家福楼拜曾说："科学和艺术在山麓分手，回头又在顶峰汇聚。"机床外观设计正是集中体现艺术与科技高度结合的理想标本，两者缺一不可。良好的机床外观设计给予原本冰冷的金属部件以人文精神的温度，折射出人类智慧的光彩。它不仅是优良制造技术的集中体现，更是一种高度发达的文化符号。

从 2010 年南京展会开始，机床产品的外观因素逐步受到终端用户的重视，成为决定采购与否的重要指标之一。好产品，不仅要有好价格、好服务，还得有好颜值。

2.4 行业需求扩大，一哄而上做外观

经过几届机床展，国内的机床企业看到了外观的改变对于企业形象的提升及销售的推动作用，纷纷着手进行产品外观的改进。由于国内专门从事机床外观设计的机构少之又少，一批工业设计专业的设计师和相关院校迅速进入了这个领域，以各自对产品外观设计的理解开始了机床的外观设计。根据2019年百度文库《国内机床企业名录》登录的国内规模以上机床企业数量1200余家，就算有一成的企业有改变外观的意向，粗略统计也有120家。企业对外观设计进行重新规划时，往往以产品系列甚至是全线产品投入创新设计。中小型企业一般三五台，大型企业的系列产品往往是三五十台。这是一个巨大的市场需求，以目前国内熟悉机床行业的设计师数量去考量，也是留存着完全不对称的巨大市场空白。

一方面，企业从经营和销售的角度对新外观的期待停留在"好看"的层面，认为好看的就会好卖；另一方面，设计师以前大都从事家电、玩具、通讯终端等消费类工业产品的外观设计，习惯于从审美的角度入手进行外观设计，毕竟好看的产品才是消费者乐于接受的。

而机床的外观设计如果按照快销品的设计思路，认为"好看"就是好的设计，设计出的新方案往往只是外形方圆的改变和涂装色彩的变化，很难深入到机床内部去思考如何让机床更好用，更符合制造工艺。如不能从使用者的操作体验以及制造工艺的角度审视外观设计，所谓机床外观设计就仅仅是色彩涂装设计。

更有部分不熟悉机床结构和制造工艺的设计师推出的方案使用了不符合机床使用环境的材料，新产品出厂后不久由于用户工厂环境的影响，产生材料变形乃至脱落，影响机床正常使用，给企业造成重大损失。这样失败的设计案例在过去的十年里不在少数，众多对外观设计抱有美好期待的企业为此付出了沉重代价，极大地挫伤了企业对改

进机床外观设计的热情，认为外观设计不过是对机床进行美化的表面文章，做不做意义不大。

上述失败的设计案例实际上是"反设计"的，背离了设计要方便实用的基本原则。设计的内涵远不止美观，好的机床外观设计除了好看，一定是好用和耐用的。

2.5 国内机床行业对外观设计认知的偏差

目前国内机床行业普遍认为外观设计的目的就是让机床更好看，片面地认为好看的设计就是好的外观，好看的效果图就是好的机床外观设计。这使得设计委托方、设计执行方、生产加工方都站在各自的角度片面理解外观设计。

首先，设计委托方（企业）提出的要求是——给机床换一个好看的样子。"好看的机床好卖"是设计委托方期望达成的目标。

继而，设计师的设计方向是——设计一个好看的机床。

最终，钣金加工方实施目标——把好看的设计制造出来。

可见，无论是主机厂还是外观设计师，再到把外观制造出来的钣金加工厂，做一个"好看的"机床几乎是大家共同的目标。机床设备的造型设计多年沿用产品设计行业约定俗成的称呼：外观设计，称呼本身似乎限定了设计的核心内容。

好看的机床首先应该是好用的，所谓好用的机床有两层含义：一是机床的工程设计层面，二是机床操作体验层面。

工程设计层面是指机床的基本布局、部件组合、参数设定以及加工效率和稳定性等技术层面指标的合理性。能最大限度地满足加工需求，充分发挥设备的物理价值，以稳定的工况持续加工出符合精度要求的工件，可称之为工程意义上好用的机床。

在操作体验层面，操作工面对一台冰冷的机器连续工作七八个小时甚至更长的时间，其生理、心理感受至关重要。由于操作工须始终保持注意力集中在加工设备上，对加工过程中产生的技术数据进行及时正确的判读并作出相应操作，因此设备运转过程中对操作工需求的关怀，对其操作体验的提升和完善是外观设计师极为重要的设计内容，通过设计创新使机床变得更好用。从这个意义上讲，容易操作、安全且充满人文关怀的机床才是"好用的机床"。

机床的工程设计思考的是设备能加工什么以及如何更好地运转，解决的是机床设备与加工件的工程问题；而外观设计解决的是机床设备与操作机床的人之间交互体验问题，是如何更好地操作机床的人机问题。机床工程设计师与机床外观设计师是机床设计全过程的接力手，每个阶段的设计都是具有独特意义和创新价值的创造性劳动，都是打造"好用的机床"的重要过程。

从这个意义上讲，外观设计远不止外形的变化和涂装的翻新，而是由内而外的思考设计过程，是成就一台好机床不可或缺的重要组成部分。

机床作为精密加工设备，是由一系列严密的机械结构、传动结构、驱动结构、滑动结构等，在数控系统制御下，执行预设好的加工程序来完成加工任务的综合体。在机床设计初期的布局设计阶段就应充分考虑到该设备所有加工要求，对床身配重、支撑、运动平衡、稳定性等要素进行周密计算，对加工所需驱动电机、滑轨、丝杠、拉罩、拖链等运动部件进行严格的选配，加工区工作台的极限行程、主轴及加工刀具运动方向等都都有严谨的工程设计方案。

一般机床的工程设计一旦定型便不能轻易改变，并且在后续制造加工的所有环节都要严格遵守初期设计的所有指标，这是为了确保机床能按设计目标完成制造，并确保机床按所有设计指标完成加工任务。如不了解机床的基本结构，仅从外部造型去设计外观，势必会影响机床的正常使用，例如：不满足开门尺寸，将影响上下料；加工区空间如受造型影响，则工作台在移动时会发生碰撞；外观造型如不能很好地平衡部件重量，在开机后很有可能发生共振而影响设备的加工精度。因此在进行外观设计时，必须严守工程设计的基本布局和参数，不影响机床正常运行，确保设计精度不受影响。

机床的"外观"是在床身基本布局结构的基础上，用钣金制造的"大罩"对床身进行连接固定，最终形成我们看到的机床样子。"大罩"的制造也是机床外观设计不可忽略的重要环节。

2.6 国际机床外观设计的兴起

20世纪初的传统机床除了电气部分的保护罩外几乎是没有外壳的，机床主体一般是由铸铁部件作为稳定和基础支撑部分，电机和主轴等传动工作部分、工件固定部分、滑动进给部分等纯功能性的部件，以"全裸"的状态组合在一起，彼此以功能性作用的存在和相对合理的布局形成了机床最初的样子。

1943年第二次世界大战期间苏联
皮尔姆市汽车厂的加工设备

作为加工工具的机床，最初是以普通车床等轮转式低速运行的加工设备为主，加工过程产生的金属碎屑一般不会对操作者构成安全威胁。随着设备转速的提升，各种硬质金属加工产生的金属碎屑会以极高速度溅出，刀具因破损和加工件因固定不牢而飞出的可能性也随之增高。工程师为保障操作者的人身安全，最初是给机床加工区域加装一个保护罩，安全防护功能作为机床加工功能的延伸就此诞生。

设备因高速运转造成加工面的升温，对刀具和制品加工精度会产生很大影响。为了减少升温带来的加工精度变化，高速加工设备在切削作用面引入了切削液来降低加工面的温度并增加润滑度。而切削液会随着高速运转的刀具淋洒到四周，这时加工区的防护罩又扩大到整个加工平台，将加工区可移动空间全部纳入防护罩范围。为了保护电机、主轴、电器柜等功能部件不受油水雾的侵蚀，又给这些部位加装了钣金防护罩。加工件通过开闭门的方式完成上下工件的操作。此时的机床犹如一个被钣金件分隔出干湿不同区域的金属盒子。机床设备的性能在不断进步完善的同时，机床的外观也悄然地发生了改变。

此时的机床根据不同加工需求已派生出多种性能、形态各异的机床，但共同的特征是在机床外边增加了钢铁的外壳，俗称"大罩"或"防护罩"。防护罩的出现很大程度上改变了机床原有的样子，因而也自然形成了新的机床外形。而机床的防护罩最初完全是功能性的存在，基本不具备审美的意义和作用。

20世纪80年代，随着品牌经营理念的普及，国际先进制造企业纷纷把产品外观与企业logo作为企业形象经营的重要内容进行整合设计，形成最初的对"机床外形"的关注潮。

到了20世纪末，数控机床从诞生之日起已经历了近半个世纪，加工效率和精度在不断提高，产品家族也在不断扩大，各种专机种类不断增加。主要机床生产企业逐步形成具有各自企业特征的外形系列和涂装色彩，其中，德国、美国、日本等制造业发达国家的机床产品不仅占据了行业市场，其产品外观的设计风格也左右了国际行业市场的设计趋势。

这个时期主流的机床外观依然遵循功能至上的基本设计原则，机床功能性结构布局决定了外观的基本形制。依托坚固的钢板作为主要加工材料的钣金制造工艺在几十年间也没有根本性突破，不同品牌机床外观的差异不是很大。

2000年前后国外的机床外观，典型的功能至上造型

MAG（美国）

Haas 哈斯（美国）

　　进入 21 世纪，国际市场对机床的供需状况发生变化，促使机床企业纷纷以促进销售为目的对机床外观进行优化，外观设计成为大企业赢得品牌竞争力、促进销售的有效手段。一批造型新颖、涂装靓丽，采用一系列新材料、新工艺的加工设备脱颖而出，成为行业采购商追捧的对象。

　　2009 年米兰 EMO（欧洲国际机床展览会）的参展企业已经悄然变身，推出一系列新颖的机床外观设计。德国德马吉（DMG）与日本森精机（MORI）联手在展会上推出了基于全新制造工艺和新材料的机床外观，令同行眼前一亮。有着 143 年历史的德国企业德马吉和有着 65 年历史的日本森精机公司进行跨国品牌整合，以"德国制造 + 日本制造"的强强联合形成了新的数控机床全球领导者——德马吉／森精机（DMG-MORI）。其在展会上推出的多曲面加工工艺一经亮相就被同行惊呼：不可思议，逆天之作。在传统的钣金加工行业，多曲面加工一直是极具挑战的工艺技术，一般企业都会避之而不及。而这次 DMG-MORI 推出新外观突出的亮点就是床身呈现完美的多曲面加工，使长久以来直楞直角的机床有了柔和的曲线。

钣金加工工艺的突破和新材料的应用，使得多曲面造型不再是禁区，方正挺拔的机床箱体以圆润的曲面收边，宽大通透的观察窗令加工区内的工作状态一览无余。与门体的线条同时出现的是铝合金质感的通体装饰带，嵌入式发光条以不同颜色显示机床的工作状态。与床身造型风格高度统一的数控系统以托架方式与床身相连，操作台的角度可根据需要进行灵活的位置调整，操作起来极为方便。

DMG 于 2009 年米兰 EMO 推出新外观（多曲面版）

德国严谨的制造技术和日本的工匠精神联姻催生出的一部机床，看上去就是一件艺术品，个性鲜明，科技感十足，令人愿意走近与之对话，充分展现了艺术与科技完美融合的魅力。

DMG-MORI 的出现横扫了机床行业对外观的认知模式，以"防护"为目的的机床外罩成为过去，追求企业形象、彰显企业精神，以新材料新工艺为制造基础，以市场销售为目的的新外观设计时代就此诞生。新材料、新工艺、新设计将冰冷的机床改变成为高端制造行业精密设备的杰出代表，与高度发达的工业社会人们日常生活的基本调性更加合拍，从业者的劳动尊严得到至高的尊重。机床行业全球霸主展现出其应有的风范，机床外观此时已是企业品牌形象的重要组成部分。

2013 年日本 MAZAK 新外观

几年后的 2013 年汉诺威 EMO 机床展上，又一个耀眼的企业脱颖而出，这就是来自亚洲的日本企业 MAZAK（马扎克）。

MAZAK 的产品以深灰色床身涂装配以发光的橘红色 logo，令人印象深刻，再加上紧密环绕床身的拉丝不锈钢收边，整个机床看上去简洁、紧凑、端庄，散发出精密严整又不失激情的气质。精密严谨背后涌动的激情与 DMG 白色床身形成鲜明对比又相得益彰，饱含了日本文化内敛中彰显的活力。在此我们不去深入探讨东西方文化对于机床外观设计的影响，在展会上两个耀眼的企业展品恰恰代表了各自文化的特征，理性严谨、饱含温度的德国技术与严密有序、于精细处开花的日本制造，以不同的手法诠释了高端装备制造的精湛与完美。

当业内人士还在对 DMG 的多曲面加工工艺津津乐道的时候，这个行业内的技术狂人又推出了全新外观系列。引入汽车加工工艺和全新树脂材料，对全线产品的门体结构进行重大改进，一改行业内运用多年的直线门窗，代之以圆润饱满的门体，颠覆了行业常识，变化之快甚至使人来不及适应。发生变化的还有那个被人津津乐道的机床箱体多曲面造型，更进化为符合制造工艺的单曲面造型，但整体形象依旧饱满完整，彰显出强烈的数控时代科技感，强化了高效精密加工设备的基本属性，稳稳地站在了国际机床行业第一品牌的领航者地位。

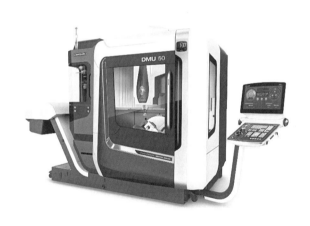

DMG-MORI 于 2013 年米兰 EMO 推出单曲面版机床

回看国际机床产品发展演变过程，产品外观经历了几个重要发展阶段。第一个阶段是从蒸汽机的呼啸声中走出来，继之以电力作为驱动的传统机床时代。以粗大的铸件作为结构支撑的开放式加工设备是这个时期机床产品的主要特征，所谓外形基本上是功能部件组合在一起而自然形成的样貌。

数控机床的诞生彻底颠覆了机床的基本布局和功能部件构成要素，数控系统使高性能伺服电机在机床设备上得以广泛应用，改变了机床的操控方式，加工液与冷却技术让工件加工进入相对封闭的箱体内，机床从此有了"保护罩"。进入新世纪，随着新材料、新工艺的导入，机床外观进入全新的发展阶段。

外观设计已远远超越机床加工对外观的需求，现已成为彰显企业制造实力、占领行业市场的品牌经营手段，将原本是制造业基石的机床这一特殊产品推向制造业发展的前端，成为引领和促进制造业发展的重要引擎。

本章要点

本章重点介绍我国机床外观设计概念萌发的过程、在未知中艰难探索的曲折经历，以及通过 2010 年南京展会开创我国机床外观设计兴起的新篇章。外观设计的提升不仅是审美取向的改变，更不是个别企业急功近利的一时冲动，它预示着世界机床保有量最大的国家，在市场运营、销售模式、品牌意识、产品研发架构等方面将要发生的深刻改变。外观设计在机床行业的适时导入，源自中国机床人对行业发展的敏锐洞察，得益于改革开放后国内加工业蓬勃发展的大环境。这一需求的出现是行业市场从计划经济模式走向市场经济模式的重要标志。机床产品走向市场唤起了用户对外观的高度关注，是行业市场的发展前行结束了粗黑笨重旧机床的历史。明确机床是为人而工作、外观是为人而设计的基本理念。从此，外观设计意识在机床行业广泛地落地生根，它带来的积极效应是对整个行业发展的正面冲击，引发机床制造上下游联动式的品质提升，为全行业在市场化经营发展的过程中积极融入国际市场作出有益贡献。

3 从整体上定义机床外观设计

3.1 机床外表不等于机床外观

对于机床的外观设计，通常会理解为机床外部的样子和款式的设计。广义的工业产品外观设计倾向于新产品的外部形态和可见视觉元素的设计，一般包括产品的造型、色彩、材质、图案等设计。对家用电器、手机、玩具等行业的产品外观设计作这样理解是可以的，这一类产品的外观款型至关重要，很多时候是要凭外观、拼"颜值"来实现热销的。我国已经成为家电出口第一大国，产品行销全球，设计师完全可以凭借一套漂亮的效果图来完成此类新产品的外观设计。

DMG-MORI 和 MAZAK 的机床外观之所以得到业内同行广泛的赞誉，绝不是单纯的"看上去很美"，而在于它是由好设计 + 好工艺 + 好制造成就的优秀工业产品。从外部观察机床，看到的是由钣金包裹的机床主体，它是由钣金构件与机床主机的功能部件所构成。从外表看不见的内部构造被钣金壳体所覆盖，而这些看不见的部件也在左右着外观设计。

具有创新意义的外观设计是基于新材料、新工艺、新功能，将完整的设计方案针对若干技术环节提出可行性解决方案的全过程。因此，我们看到的外观状态是很好地实现了中间制造过程后呈现的最终结果，而不仅仅是床身呈现的外部样子。

机床外观设计不只是床身形态样式设计，更不是床身涂装方案。外观设计解决的不只是美学问题，还有更重要的制造和使用问题。它包含制造工艺、加工材料、美学特征、品牌形象等诸多环节，是系统地解决制造和使用问题的完整过程。这不仅取决于机床设备体积大小和复杂精密程度，很大程度上还受制于机床制造过程、制造工艺及产业分工。

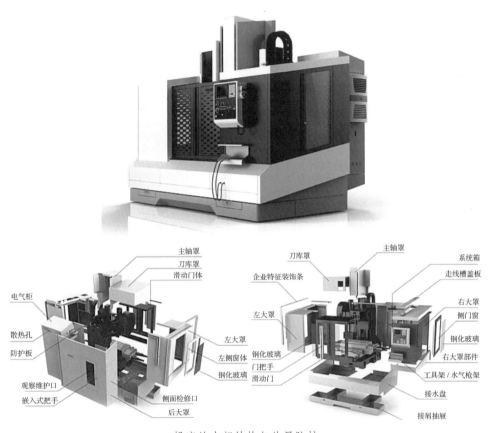

机床的内部结构与外层防护

　　以一件家用厨电的外观设计为例，设计师提供新外观造型方案，一经委托方确认，设计师的设计任务基本上就算完成了，接下来的工艺细节由生产厂家完成。在所有制造前的工艺设计完成后，移交给代工企业去加工生产，或由代工企业负责完善制造过程的所有工艺问题，最终完成产品的制造。

　　而机床企业的设计流程是主机厂（机床厂）提出设计需求，设计师完成外观设计方案，主机厂确认设计方案后交给钣金制造厂加工。而钣金厂拿到设计方案后，一般只根据本企业钣金生产习惯，或设备加工能力进行钣金工艺转化设计。效果图除了提供产品外形、色彩、材料质感等外部视觉信息之外，不能解决外部的"壳"与内部的"体"如何配合的问题，看不到机床使用过程中人与机器的互动需求，也看不到制造过程中一系列涉及机床功能问题的解决方案。独立经营的钣金厂一般也提供不了这样具体的工艺设计。这个现象在国内制造行业十分普遍，这与我国机床行业发展历史和产业分工有关，在后续章节里会做详细说明。

3.2 机床的"外观"与"内用"

机床属于综合性高精密工业制品，因其作为加工工具的属性决定了它的主要功用在于"加工"。正常运转、稳定运行、能持续加工出符合技术精度要求的制品是机床的最大使命。因此，机床的外观设计还要强调一个概念——内用，即机床的正常使用，不符合"内用"的机床外观设计就是一堆废纸。

实际上，经历过机床外观设计并有机会跟随设计方案制造出机床成品的人都会产生这种体会，所谓"外观"设计过程中更多的难点都集中在机床内部，纠结在外表看不到的地方，导致一次次修改设计方案的尽是诸如漏水、积屑、干涉转台行程、产生共振、影响系统线簇过弯等与视觉完全无关的要素。机床的"内用"会在很大程度上左右"外观"，"外观"的设计必须关联并且关注对"内用"产生的影响。这是机床外观设计的特点，也是机床和普通消费制品在外观设计侧重点上的不同。机床外观设计与一般意义上的产品外观设计就其实现过程而言有着完全不同的内涵所指，也有完全不同的设计要求。它必须是由内而外地考虑工艺材料、加工手段、操作者体验等诸多因素的综合解决方案。

一部好机床只是好看还远远不够——

还要好用：作为加工设备要操作方便，布局合理，安全舒适，便于维护。

还要好加工：制造环节要易于加工，符合工业化生产要求，不人为制造繁琐。

还要有良好的工艺性：不违背制造工艺、充分发挥材料特性。

还要方便运输安装：运输与安装是机床产品品质保证的重要环节，外观设计会影响到运输和安装过程。

还要有创新：设计的原初目的是促进产品更新、行业发展。

还要承载企业精神：它是品牌价值的一部分，是企业精神的物化载体。

还要好卖：有突出的卖点，才能取得市场优势。

还要赚钱：经济性。

······

因此，探讨机床的外观设计是针对机床使用和钣金制造过程的全面思考，是有关人与设备、工艺与材料、图纸与制造、艺术与科技的综合解决方案。

3.3 机床设计三阶段

一部机床从图纸到产品要经历三个重要设计阶段，它们相互关联，环环相扣，缺一不可。

第一个设计阶段——主机工程设计

侧重机床性能与主机生产的功能设计，是决定机床加工性能及各种物理参数的工程设计。

第二个设计阶段——外观设计

侧重操控者的体验与视觉感受，企业形象及产品视觉特征需要通过外观设计来体现。

第三个设计阶段——钣金结构设计

侧重外观制造，将外观设计效果图通过钣金工艺设计转化为可制造的钣金工艺图纸，最终将外观实物呈现。

上述三个阶段必须有机衔接，发挥各自优势，完成各自不可替代的使命，才能成就一部好机床。

其中最为复杂的是第一阶段的主机设计，也就是机床本身性能和结构设计规划。它包括一系列具体的功能性技术设计，如基本性能定位、技术参数确定、总体布局设计、基础部件设计、动力设计、传动设计、电气设计、油气管

机床设计的三个主要阶段

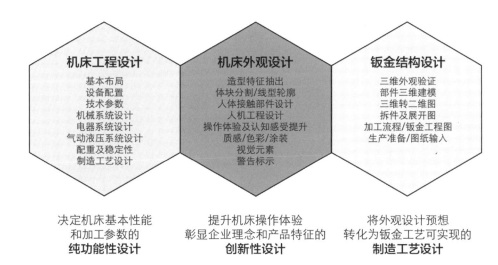

机床工程设计	机床外观设计	钣金结构设计
基本布局 设备配置 技术参数 机械系统设计 电器系统设计 气动液压系统设计 配重及稳定性 制造工艺设计	造型特征抽出 体块分割/线型轮廓 人体接触部件设计 人机工程设计 操作体验及认知感受提升 质感/色彩/涂装 视觉元素 警告标示	三维外观验证 部件三维建模 三维转二维图 拆件及展开图 加工流程/钣金工程图 生产准备/图纸输入
决定机床基本性能 和加工参数的 **纯功能性设计**	提升机床操作体验 彰显企业理念和产品特征的 **创新性设计**	将外观设计预想 转化为钣金工艺可实现的 **制造工艺设计**

路设计、防护设计等诸多庞杂的设计内容。主机设计决定该设备的基本性能、技术参数、基本构造、元器件配合及所有物理意义上的理论存在，是一部机床的核心设计。这里提到的防护设计仅仅是为了设备操作安全而进行的纯功能性设计，不具备"外观"的意义。以往的机床大都是身披这种防护外罩走出生产线，被安装在用户的车间里进行使用的。

第二阶段的外观设计，首先要依据身型量身定做一套合身的"外套"，这件"外套"首先要美观、和谐并具有鲜明特征，要符合材料制造工艺，不影响机床的正常运转，方便操控使用。同时还必须彰显企业的精神文化，体现企业加工制造水平。它还要与本企业其他型号产品相衔接，保留家族特征的造型要素，形成具有系列感的造型逻辑。因此，它不能仅是一张皮，更不只是对床身色彩涂装的设计。

外观设计包括看得见的机床外部呈现形态，也包括从外表看不见的与床身构造关联的相关设计。针对操作者心理及认知需求的人机交互设计以及新功能需求的开发设计，让枯燥的机械操作变得更舒适、更安全、更准确、更快捷，让操作者精神更集中、心情更平和。

外观设计也被称为外观造型设计，即外部形态的创意设计。而机床的外部形态在很大程度上依附于机床主机的基本结构形态，也就是机床的基本骨架，一般由基础铸件、立柱、主轴、接水盘、工作台、拉罩等功能部件组成。在这些部件里，一部分是起基础稳定支撑作用的固定部件，还有一部分是完成加工任务的可动部件。可动部件在其设计的极限范围内作移动，外观造型必须将上述功能部件很好地收纳进去，来保证机床的正常运转和使用。

　　既然是外观创新设计，不同厂家生产的相同类型机器就必须有不同的造型特征，用不同的产品风格来体现各个企业的经营理念。这就需要设计师在相同或相近的机床结构上设计出完全不同的外观造型。这就是创新的魅力，也是外观设计的价值。

　　外观设计是具有创新意义的设计行为，既要对原有的造型要素有所突破，还要充分考虑制造过程中材料工艺的限制，试图通过视觉手段完善功能设计，以具有创新

立式加工中心内部主要构件

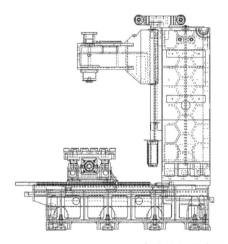
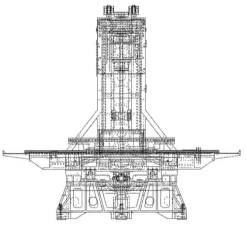

立式数控加工中心内部结构（侧面／正面）

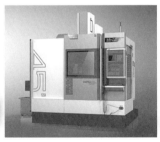

立式数控加工中心内部结构相近、外观迥异的外观设计（三台）

意义的造型手段确立产品的外部形态，以周密严谨的人机工学分析来改善操作体验。

上图是几个不同厂家生产的立式加工中心，其内部核心布局和基本结构几乎完全一样。通过外观设计能打造出性格完全不同的产品形态，而这个外观设计过程是机床产品生产过程中不可或缺的重要环节。

优秀的外观设计方案最终要通过钣金工艺设计形成合理可行的制造方案，将设计图纸变成实物，这就是机床设计关键的第三阶段——钣金设计。

钣金设计是将外观设计方案转化为可加工制造的工艺方案，一般是针对机床外罩的加工设计，通过一系列钣金加工工艺将外观设计方案最终付诸实现。外观设计的每一个细节都会影响钣金加工成型方式，外观造型的每一处折角、每一处分线都会左右钣金设计结果。因此钣金设计又是与主机设计、外观设计都密切相关的设计过程。

一部好用的机床最终得以实现是以上三个设计环节通力合作的结果。

从外观设计师的角度回看这三个设计阶段，外观设计是站在三个重要设计环节的中间位置，一手承接主机厂的主机设计方案，一手将自己的外观设计方案交给钣金加工企业去制造。机床主机设计是专业性很强、技术含量很高的纯功能性设计，主机的各种技术参数一旦确定是不会轻易变更的。也就是说外观设计方案从原则上讲不应对主机设计方案构成影响，不应破坏或改变主机设计的技术参数和基本结构。

外观设计只是充分了解主机结构和相关空间尺度要求，对操控机床的操作行为进行全面细致的分析，提出一套既具备鲜明美学特征，又符合接下来钣金制造工艺的设计方案。而钣金设计是根据外观设计方案进行的制造工艺转化设计，它要把外观设计的结果与机床主机相匹配，最终将外观设计方案在主机床身上实现。

如果说主机设计是从理论上设计了一台性能良好的机床，提供一整套物理性能方面的解决方案，那么外观设计就是从机床操控者的感官、心理、认知、行为的层面思考物与人的交互作用，提供一套好用且有亲和力的外观设计方案。而钣金设计就是将外观设计方案结合机床主机结构数据重新设计一套符合材料工艺可加工的制造方案，将停留在效果图的设计预想采用以钢板为主的材料得以实现。

这三个设计阶段的参与者往往出于不同专业背景，针对不同课题、不同目标，以不同的思维方法和观察视角针对同一产品诞生的不同阶段而进行的设计工作，这正是机床产品的特殊之处，也是机床外观设计的特殊之处。由此看来，外观设计师如果不了解机床，不了解机床如何操作，也不了解钣金制造工艺，是无法进行外观设计的。所以说机床的外观设计远不止"外观"那点事儿。

3.4 机床外观设计涉及的主要内容

什么是好机床？好用的机床才是好机床。而好用的机床又分为机械加工层面物理意义上的好用，以及操作方便、人机交互体验良好的心理层面的好用。单纯美学意义上好看的机床或许赏心悦目，拥有不凡的颜值，但在操作使用上未必是方便实用的，在加工制造上未必是经济合理的。若因外观影响了机床运行稳定和加工精度，再好看的外观设计也是错误的、没有意义的，这就违反了设计初衷，是本末倒置的资源浪费。

什么是好的机床外观设计？

要回答这个问题，首先要了解机床外观设计所涉及的核心内容。以一台数控加工中心为例，可分为以下几个重要部分：

1.造型设计——机床外部可见部分的形态设计，一般包括轮廓线造型、门窗造型、功能区块分割等。

2.企业特征设计——产品特征和企业文化符号设计，即企业文化与企业精神的DNA。

3.系列产品关联设计——同一企业品牌下的所有产品的共同特征和造型要素的关联设计，即企业产品形态的DNA。

4.功能部件设计——与操作使用机床相关的部件及周边设备，如主轴封罩、刀库封罩、排屑器电机封罩、门把手、门窗柜具锁扣、报警灯、加工区内部照明部件、水气枪及挂件、外置仪器仪表、电柜、台阶、护栏围板等。

5.系统箱关联设计——数控系统操作箱及吊架支架，手持数控单元等。

6.色彩涂装、材料质感设计。

7.结构关联设计——新造型部件与机床内部结构关联设计。

8.新材料与新工艺设计——引入新材料、新工艺的应用设计。

9.视觉标识设计——厂标、型号标、辅助图形、警告提示标示、操作规范等视觉元素设计。

10.制造工艺适应性设计——钣金制造环节的适应性设计。

以上仅列举了体量中等的数控加工中心进行外观设计时所涉及的主要内容。机床设备因用途不同，在体量上差异巨大，所涉及的设计内容也不尽相同。例如，一些大型设备需要设计扶梯和走台，一些设备的基础铸件要求裸露，有些重型设备是直接用厚钢板通过焊接形成基本床身。不同类型设备的设计要点和手法完全不同。

上图列举的外观设计所涉及内容，直接与造型相关的要素仅占一小部分，更多的设计内容似乎和美与艺术毫不相干，但又是与外观设计直接关联的重要组成部分，这就是机床外观设计的特殊要求。因为所有设计内容都和制造相关，都会影响机床操作者的体验感受，只有很好地完成上述所有设计课题，并将设计方案通过制造环节顺利实施，才能算是优秀的外观设计方案。

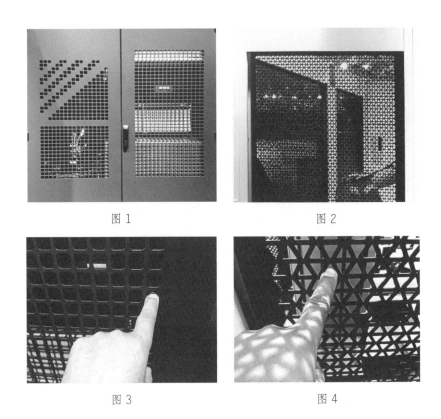

图 1　　　　　　　　　　　　　　　　　　图 2

图 3　　　　　　　　　　　　　　　　　　图 4

　　图1和图2看上去就是常见的机床电器部位的防护网，图1是略带圆角的四方孔排列，图2是三角形孔正反叠放，可形成菱形、燕尾领结形、三角形、六边形等不同组合形态。一般认为两者只是方形与三角形的形式变化，而两个不同形状组合出来的网孔在机床设备应用上最本质的区别常常被忽略。机床的电器柜是高风险区域，需要采取极高级别的防护措施以防止人体意外接触造成事故。而图1的方孔空隙可以轻松通过成人的手指（图3），图2的三角形则可以阻止更小的未成年人手指的进入（图4）。

　　机床是一个极其复杂的系统，特别是精密加工设备的技术参数要求极高，主机设计变更是一个庞杂的巨大工程，任何一个部件的改动都会牵一发而动全身。因此外观设计师对主机设计几乎没有任何话语权，但是这并不意味外观设计在主机身上没有用武之地。外观设计师要充分发挥自己在美学和创新方面的专业优势，积极配合主机设计提出自己的优化方案，有限介入主机的功能优化也是有可能的。比如机床数据仪表的安装位置、排列方式，可见管线的排布整理，检修维护部位的必要空间尺度，主机周边附属设备及护栏设计，系统箱体吊挂方式等，都是在不影响主机性能的前提下可以进入的具有创造性的设计领域。

因此，机床的外观设计是包含了部分与操作和使用有关的，为提升操作体验而进行的工程设计延伸项目的创造性设计工作。

理论上而言，无论外观设计的效果图有多么复杂，以目前钣金加工设备和技术手段都可以加工出来。问题在于机床钣金加工的不是单件艺术品，而是成批量的工业化产品。好的外观设计可以最大限度地开发利用钣金加工设备性能和材料工艺特性，带动钣金加工工艺向更高水准提升。若违背了钣金加工基本工艺要求，失去其材料优势，加工过程费时费力，这样的外观设计终将不是好的设计。即使效果图做得再漂亮，机床产品毕竟不是由3D软件建模生成，而只能是通过几十道工序在钣金加工线上诞生出来的工业制品。

凡是工具设备类产品的外观设计，人机关系一定是设计的焦点，一台好用的机床更要体现在人机关系的交互设计上。外观的尺寸不仅左右床身美观、比例协调，更直接影响到设备使用者的操作体验，影响其对机床的使用评价。依然以立式加工中心为例，以床身水平方向做上下部分的分界线，一般都设定在工作台的高度位置附近，这是为了保证加工液能顺利地回收到接水盘内排出，方便从最接近工作台的高度上下料。高于这个位置会阻碍上下料、影响加工件的进出，低于这个位置会造成回水不利而发生漏水。

如果仅考虑外观视觉效果随意划定这条线，后果一定是灾难性的，这样的设计案例在现实中比比皆是。外观设计的结果对机床的使用者有着最直接的影响。如何在外观设计环节充分了解机床结构，由内而外地构思设计方案，为使用者设计一台好用的机床，这不仅是外观设计师应尽的义务，更是评价机床外观设计优劣的核心要素，也是对外观设计师设计能力的严峻挑战。

因此，我们说外观设计要解决的不仅是美学问题，还是制造和使用问题。机床作为由人来操作的加工设备，好用是首先要满足的基本前提。作为一个机床产品外观设计师，只有充分了解机床的结构，了解机床的运行，了解机床的操作使用，了解机床的生产加工过程，才有可能做出好的机床外观设计方案。

3.5 外观设计对上下游设计的有限介入

机床的外观设计不是孤立的，它是作为机床产品完整的制造过程中，与上游的工程设计和下游的钣金结构设计密切关联的重要一环，因此会影响到产品制造的结果。

优秀的机床外观设计方案在一定程度上对上下游的设计环节会发生积极的有限介入。即向上会优化工程设计阶段对操控空间、人机尺度、认知行为等方面的设计，向下会涉及钣金制造环节的结构设计、材料材质等内容，是与机床主机制造、钣金制造都密切相关又不可替代的中间环节。

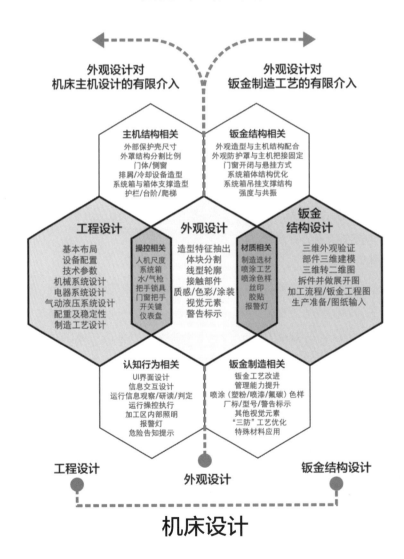

机床的工程设计阶段虽然对设备的技术参数、结构布局、机械、电器、气动液压系统等都做出有科学依据的理论设计，但作为最终产品投入实际使用阶段，还少不了与操作者——人的行为相契合。

在现阶段，机床的运行还不能完全摆脱人来操控，人的因素是机床设计中的重要关联部分，是确保机床物理性能得到充分发挥的重要因素。或许在智能制造环境里为了减少人的误判误操作等因素，会将人的不必要介入减少到最低，依赖设备持续稳定运行来保证加工件的高品质，那时的人—机互动关系会发生根本改变。

然而，现阶段的机床外观设计对工程设计的介入依然体现在如何更好地使用、操控机床，提高工作效率，保障操作者安全等方面。外观设计对工程设计的积极有限介入是对工程设计的补充，是功能设计的延续，是成就一部好机床的必要条件。

外观设计对钣金结构设计的积极有限介入主要体现在诸如外观结构部件与床身的固定把接、"三防"措施（防水、防漏、防积屑）、涂装材质、用色以及新材料应用等方面。

外观设计与钣金结构设计的界限只是行业分工的界定，不是功能上的绝对划分。外观设计师对钣金工艺了解得越多，对制造环节提出积极的建议就越具体、越有价值。在实际操作中，从外观设计方案到钣金实物落地，对原设计方案或多或少都会进行必要的调整，使之适应钣金加工的要求。

如果一味地图加工便利而省略外观设计创意，则会失去设计的灵魂，使制造出来的产品变得平庸；而过分强调创意的价值，则会令钣金加工费工费时，导致产品背离了经济性，这种结果显然是不能被接受的。只有肩负不同使命的专业人员在彼此包容理解的基础上进行积极有效的沟通，最终结果才会是圆满的。

成就一台好机床是不同行业、不同工种的设计师发挥各自专业优势而接力创造的成果。外观设计对工程设计和钣金结构设计阶段积极有限的介入，是从事机床外观设计工作的设计师的使命，也是对其专业能力的基本要求。

3.6 机床外观设计的目的和意义

这个看似最基本的问题应该很早就提出来，在这里才出现是因为必须把前面几个问题澄清后，才能清楚地回答这个问题。了解了机床外观设计的内涵，了解了机床外观是怎样制造的，就能以行业的全景视角更深层地理解机床外观设计的目的和意义。

对于机床，除了极少部分小型台式工具类产品以外，作为专用精密加工设备，从设计加工生产到成品出厂，再到安装于用户车间，全程几乎没有机会在公众消费市场露面。机床外观是做给谁看的呢？与其他消费类产品不同，机床类产品有着自己的专业流通渠道，有特定的行业市场和特定的用户。每年各地举办规模不等的机床展就是机床行业信息交流的大卖场，"赶大集"式的原始销售模式延续至今。这正是这个行业特有的信息交换和实物演示的销售方式，在网络信息高速传播的今天依旧变化不大。毕竟机床的精密复杂程度不是贴几张美图、发一段小视频就可以说清楚的。

今天的机床作为一件为人操作使用而设计的机器，仅有完备的工程设计是不完善的，在机床还没有完全脱离人操控的当今时代，人的介入因素至关重要。它涉及机床自身的正常运转，也关系到操作者的人身安全与劳动尊严的维护。相对于解决一系列物理课题的工程设计而言，外观设计是解决操作者与机床之间在使用过程中产生的生理、心理、认知、情感方面的人机关系。它即要有提升操作安全、方便使用层面的功能延伸，又要有令操作者赏心悦目、减轻工作疲劳的美学贡献，还要有方便制造、提升品质的制造学思考。

机床产品只有在完成良好的工程设计、优秀的外观设计并经过优良的制造过程，才能成为一件完整的机床产品。通过工业设计师的参与，去发现人与机床之间的各种不和谐问题，并通过设计手段创造性地提出可实施的解决方案，在机器与人之间搭建一座桥梁，使机床的设计趋于完整、

外观设计对机床产品的改善
及对企业、行业的贡献

外观设计
与机床性能提升
优化操控空间
减少精神与肉体疲劳
体现对劳动者的人文关怀
提升安全性与劳动尊严
减少故障率

外观设计
与主机结构优化
外罩与门窗优化设计
机床周边设备
系统箱及吊挂支撑
仪器仪表布局
电／气管线排布

外观设计
与钣金工艺提升
钣金工艺提升
管理理念提升
促进制造设备更新换代
以设备标准替代经验制造
新材料应用

外观设计
与钣金行业发展
完善产业结构
加速衍生产业孵化
促进新材料与新工艺研发
加速钣金行业产业升级
制定完善行业标准

外观设计
与操控体验改善
人机工程优化
改善操作体验
保持长时间精神集中
提高认知辨识准确度
降低劳动强度

机床外观设计
机床结构优化与性能提升
钣金制造工艺改进
操控体验与认知行为改善
外观造型与创新
品牌价值与企业知识产权
与智能制造接轨

外观设计
与创新
具有创新意义的设计
引领行业审美趋势
借鉴发达国家经验
活跃的信息窗口

外观设计
与新一代产业工人
与环境相适应的新外观
契合新一代工人成长环境
贴合年轻一代审美取向
与国际流行同步
具有新锐文化符号

外观设计
与市场营销
确立外观系列特征
区隔竞品
差异化中获得竞争优势
树立口碑

外观设计
与智能制造
智能化设备新外观设计
设备与信息交互设计
系统集成与关联设计
认知与信息系统再整合

外观设计
与智能制造时代
探索智能化社会发展趋势
关于人／智能设备／信息／环境
在未来的关联模式
以及良性可持续发展规律

外观设计
与品牌形象
承载企业经营理念
彰显企业对未来市场信心
丰富企业知识产权
丰满完善品牌形象

和谐又独具个性。

随着新材料和人工智能技术在机床领域的广泛应用，机床的加工性能在不断提高，适用于各种特殊加工用途的专机，以及将复杂多工序加工整合为加工群、加工线的新型机床层出不穷。机床经过百年的跋涉，已走出原始形态的丛林，进化为全新形态的加工设备。而新技术、新材料、新组合对机床外观提出全新的设计需求。自动化、智能化、学科交互、人机和谐、环境友好的新机床时代已经到来。

美学设计带来的改变不仅是"好看"，更是一个时代的人们对社会生存环境的内心写照，代表一个特定时代的制造技术与工艺水平，更体现一个时代人类群体认知进化的程度以及审美趋向的变迁。而新设计必定会对传统制造工艺提出挑战，并在不断尝试、不断完善的过程中，促进制造工艺持续改进。

机床的外观设计是在一个极端工业化领域，面对极端理性与严谨的物质化产品，以设计师独到而富有感性的人文情怀，将原本冰冷的金属部件赋予温暖的精神温度。同时，它也将不同厂家原本功能相近的设备赋予不同的品牌个性，承载一个企业的经营理念及核心价值观，使之成为生产企业引以为荣，操控者乐于接受的安全、可靠、爱用的工作伙伴。

在社会分工不断更新、消费需求极大多样的今天，机床早已走出计划经济时代的专业分工，进入市场选择时代。机床外观设计正是帮助生产企业参与市场竞争的有力手段。为市场而设计，为品牌而设计，为使用者而设计，为创新而设计，已成为机床外观设计的终极使命，也就使充满人文情怀的设计行为具有了更高层次的社会意义。

为市场而设计

机床需要一个好看的外观，但好看的外观从来不是设计的唯一目的。优秀的外观设计必定赢得行业市场关注，创造良好的用户口碑，使之成为提升品牌价值的有效手段。为实现市场营销目的，机床需要有好的颜值和鲜明的外观特征。机床是特殊商品，拥有特殊的流通销售渠道，在特定的市场环境内以市场规则进行销售，外观设计是赢得销售优势十分有效的营销手段。

科技的进步改变了加工行业设备分类的格局，针对各种特殊加工需求的专机以及整合不同加工需求为一体的综合加工设备，逐渐成为国际加工行业的主力。导入工业机器人的智能化成线设备逐渐取代劳动密集型的加工车间，3D打印增材技术日趋完善，无论加工理念还是加工手段都在发生日新月异的变化。国际机床市场迎来了一个全新的时代——重新梳理市场环境，开拓新市场的时代。

市场需求的变化促使机床产品必须不断更新，才有机会获得市场竞争主动权。赢得了市场即赢得了销售，赢得了企业生存空间。随着"一带一路"建设的逐步实施，我国的机床产品出口到发展中国家的数量在不断增加，以新颖的外观、优良的制造拓展海外市场，特别是发展中国家市场的战略正在铺开。

为品牌而设计

不同企业生产的同类型机床就其内部结构而言大同小异，如果去掉机床外壳很难区分彼此。企业形象以及品牌特征需要通过产品外观设计来实现，品牌价值也要通过广为市场接受的好产品来不断积累。行业展会正是树立品牌形象、发挥品牌效应的最好舞台。通过良好的外观设计，机床产品以崭新的姿态亮相行业展会，最大限度地向业内人群定向释放积极信息，以赢得行业市场关注。优秀的外观设计构成品牌资源的一部分，从而获得直接的竞争优势。

企业为适应市场需求变化，及时推出新产品，对产品线和产品外观进行重新规划，这种主动的经营行为体现出企业对行业市场未来发展趋势的研判，彰显出企业对自身发展的信心，也显示出企业对自身发展战略的考量。DMG-MORI、MAZAK等企业成功地运用了行业展会的展示平台，以全新概念的外观设计奠定了行业领先地位，品牌价值得以极大提升。好看的外观在这里或许是最基本的诉求，是最浅表亦是最容易实现的目标。

i5系列率先提出智慧制造概念

综合提高企业整体形象的案例

以产品外观的提升为契机，加上展会演示平台、媒体传播平台等环节，可以放大品牌效应，打造全新企业风格，呈现全新企业形象。机床外观设计是有效提升品牌价值的营销手段，通过良好的设备外观可以重塑品牌形象，承托品牌精神，培养品牌忠诚意识，在同质化程度极高的专业市场创造差异优势，彰显企业竞争实力，最终赢得行业市场。

以外观设计的手段赢得产品竞争力，实现市场营销目的

为使用者而设计

21世纪已经过去了20个年头，装备制造业从业者以"90后"知识型技术工人为主，在互联网环境里长大的一代新人，对工作环境和设备的操作体验有着更高的要求。优秀的外观设计不仅给操作者提供安全高效的加工设备，还能让工作过程变得舒适愉快，提供精神层面的抚慰与关怀。20世纪五六十年代傻大黑粗的老旧设备不再是他们选择的工作伙伴，而是代之以明亮整洁的厂房，排列有序高速运转的设备。年轻一代产业工人对工作环境的期待已今非昔比。数控设备的普及使操作机床的行为发生了根本变化，人对机床的认知也在发生着本质上的改变。

面对一部设计考究制造精良的加工设备，使用者的精神状态可以和设备运转同步。随着制造技术的不断进步，操控机床早已不再是满身油污。机床外观是为人而设计的。全新的机床外观使产业工人的劳动安全有了进一步保障，体现出对劳动尊严的关怀，对人性的关怀。新外观除了有颜值，还要关注使用者操作机床过程中的手、眼、耳、身的行为状态，在基本的人机尺度空间、使用者心理、行为、认知、判断等人机交互细节方面，要进行深入思考，为使用者设计好用的机床。

为创新而设计

虽然国际间产业调整尚在继续，而制造业大国、加工业大国的产业格局在未来很长一段时间依旧是我国制造业主流，各种加工用专业设备市场也在快速发展。作为国家发展战略积极推动的高端制造业，新技术不断涌现。创新的价值就体现在不断促进行业发展，引领行业方向。我国的机床行业与世界发达国家相比较，整体上还处在相对落后的地位。低端产品大量积压，中高端产品由于行业整体缺乏核心技术，特别是研发投入严重不足，阻碍了我国机床行业从中低端产品向中高端产品跨越的步伐，与制造业大国的地位极不相称。通过研发核心技术实现行业创新，整体摆脱困境需要一个漫长的过程，而外观设计上的创新在短时间内是可落地的现实目标。

机床行业经过几十年的发展，各种新技术、新工艺、新材料不断涌现，导致机床的形态发生很大变化。针对特定产品高效率加工而开发的各种专用加工设备取代老式通用设备，已在手机加工等劳动密集型产业发挥作用。另一方面，以往功能单一的机床逐渐被多功能、多工序整合的加工设备所取代，一机多能的加工中心成为机床行业的主力军。随着自动化和人工智能技术的进步，将以往多工序才能实现的复杂加工任务通过集成多台设备，导入机械手等传送设备构成加工线，实现集中高效柔性加工生产。行业的发展带来机床设计的革命，机床外观设计也在求新求变中促进整个行业发生改变。

外观设计的价值不在于几张华丽的效果图，而在于通过创新设计提出良好的解决方案，"创新"才是外观设计的核心价值点，没有创新的设计本身就不是设计。创新并不意味着脱离现实的臆想，它源于深入的观察、缜密的思考，源于对问题本质的发现，从而提出切实可行的解决方案。

创新不仅要提出问题，还要提出可行的解决方案。创意点子远比光影效果更重要，不要被3D软件强大的渲图效果所迷惑，效果图逼真的光影呈现取代不了创新的价值。极端一点说，若把未经设计的老旧产品用3D软件重新建模渲染一下，看上去也会很好看。而设计师往往会陶醉在软件呈现的渲图效果里而不能自拔，设计委托方也很容易被漂亮的效果图所迷惑，其结果对机床创新设计没有任何贡献。

创新才是改变机床外观的动力，而一个成功的外观设计给企业带来的不应仅是加工工艺水平的提高，还应该为企业创造更多的经济效益。成功的企业会给行业带来积极的示范效应，带动整个行业的审美品位以及制造标准的提高，从而实现行业整体观念的提升。

智能化+5G时代的到来，必将给传统的机床行业带来颠覆性的改变。随着制造技术的提升和新需求的展开，会有全新概念的新机型诞生，也会全面颠覆传统机床外观的样貌。外观设计将随着新技术的融合而进入全新外观时代。

本章要点

本章重点回答了什么是机床外观设计，以及如何正确理解认知机床外观设计的内核，明确提出看到的机床外表不等同机床外观，机床的"外观"要服务于机床的"内用"原则。从机床产品设计、制造的全过程理解机床外观设计，有助于正确认知外观设计的意义和目的。只有把握了外观设计给机床产品带来什么改变，才能主动规避因外观带来的负面影响，充分发挥外观创意对上下游设计的积极介入作用。

同时，也提出机床产品外观设计的最终目的是为市场而设计、为品牌而设计、为使用者而设计、为创新而设计。

4 从机床设备内部重新定义外观设计

4.1 机床的工具属性

无论机床体量大小，无论是手动的还是数控的，都是作为加工工具来使用的，机床离不开它的工具属性。机床的外观设计首先要建立在"内用"的基础上，为更好地操作和使用而存在。

传统上机床的分类是以机床运动方式以及加工设备与被加工件的相对关系来进行的，冷加工和热加工的设备完全不同。其中实施冷加工的设备一般有车床、铣床、刨床、磨床、钻床、镗床等金属切削机床，也有改变金属形状的锻压机、卷板机、剪板机、冲床、压力机、折弯机等。在齿轮加工行业还有插齿机、磨齿机、滚齿机。切割设备中除传统的锯床以外，有火焰切割机、等离子切割机、激光切割机、水刀切割机以及走丝电火花线切割机等。

按机床的加工精度可分为普通精度机床、精密机床和高精度机床；按自动化程度可分为手动操作机床、半自动机床和自动机床；按机床的控制方式可分为仿形机床、程序控制机床、数控机床、加工中心和柔性制造系统。柔性制造系统是由集合成组的数控机床和其他自动化装备组成规模不同的加工集群进行统一协调管控。按加工工序先后排列不同功能的机床，并配以自动上下料装置在机床与机床之间实现精确工件传递，可自动实现对不同工序工件的多重加工，以适应复杂工件的高精度高效率加工生产。也有将单一零件多工序加工设备的功能整合在一台设备上，体现一机多能优越性的加工中心。

无论什么机床，最终都是用来对工件实现加工的工具，机床的工具属性决定了机床必须是好用、耐用、安全、适于操作的工具设备。机床的加工对象是工件，机床的操作使用主体是人。既然如此，机床就必须符合人机工学的基本要求。诸如安全因素、生理尺度因素、心里感知因素、认知识别因素、适应学习因素、疲劳舒缓因素、误操作防止因素等功能性需求，这些因素都要在外观设计中充分体现。机床的外观设计必须在充分满足上述基本需求的基础上再去追求形式风格因素、美学情绪因素、品牌价值因素等精神文化诉求。任何妨碍机床正常操作、影响机床作为工具来使用的单纯追求美观的外观设计都是毫无意义的。

4.2 外观设计要先从内部了解机床

首先，我们看到的机床之所以成为现在的样子，是由机床本身的结构、用途、制造材料和生产工艺决定的。机床的外形因用途不同、性能不同、规格不同而差异很大。一般的金属切削机床有立式、卧式、龙门等形式，也有单台、多台组合以及成线加工设备。以最常见的立式加工中心来说，又可分为固定立柱式和动柱式。

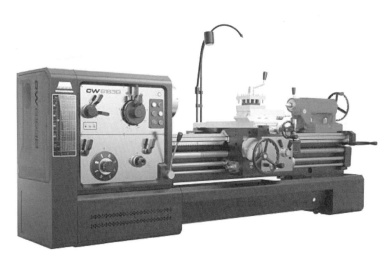

沈阳机床集团生产的普通车床

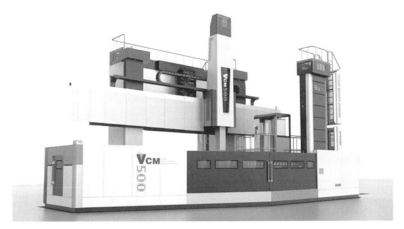

齐二生产的龙门

　　基本结构的差异带来加工区运动形式不同，适合于不同加工难度要求。同类机床由于不同内部结构，所呈现的外观形态有很大差别。

　　一般来说，加工中心由床身、鞍座、工作台、立柱、主轴箱、刀库、电机以及外围设备等部分组成。

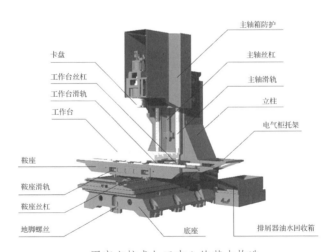

固定立柱式加工中心的基本构造

　　内部加工区一般有随工作台移动的拉罩、加工主轴、刀具刀架、油水喷淋装置、加工区照明、负责排屑清理作用的绞龙等。外罩把整个加工区笼罩起来，装有拉门、侧门或侧窗。床身外部有操作系统箱、手持操作单元、手持气枪、水枪、报警灯、冷却系统、油水分离系统、排屑器等周边设备。

4.3 操作者眼中的机床外观

机床的操作主体是人，机床外观设计至关重要的是最大限度地满足机床加工性能，提升操作者良好的操作体验。主观盲目、随心所欲地进行外观设计，不仅会妨碍机床的正常运转，还会给操作者带来操作不便甚至造成危险。

一般加工设备的操作者与设备之间的互动体验主要表现在以下几个方面：

尺度与空间因素、操控行为与身体接触部件、噪声与炫光、用力与疲劳、认知与判断、精神舒缓与心情愉悦等。

尺度与空间因素

尺度与空间因素几乎涉及机床的方方面面，是设计师必须重点关注的课题。作为造型手段而备受关注的轮廓形态和大小尺寸转化为机床的操作行为有两重意义：一是对机床运行移动部位有关联的部件，涉及机床能否正常使用；二是关系到操作者工作期间的所有操控行为，直接或间接地影响工作效率和人身安全。

机床在工程设计阶段对物理尺度有极其严苛的设计参数限制，以保障设备功能充分满足设计要求。例如，机床的开门尺寸是有严格要求的，对工作台移动极限、刀具对位和加工件上下料等指标是必须严守的，必须按照厂家给出的开门尺寸进行设计。

稍大体量的机床其主操作面和操作者之间的角度会影响到操作者内心感受，一般在不影响加工区工作台和工件运动的条件下，应考虑一定的倾角以避免向前的压迫感。单件尺寸一方面要考虑喷塑加工设备的极限加工尺寸，也要考虑单体重量在设备安装调试和后期维护拆装时的吊装难度。

门体开窗的尺寸因安全因素也有限制。目前的加工中心主轴转速可达每分钟 3 万转。高速旋转的设备在加工过程中不可避免地会发生刀具破损或工件飞出的情况，此时掉落的工件飞出速度堪比射出的子弹，对站立在设备前的操作者来说十分危险。因此开窗的尺寸在满足操作者对加工区观察的前提下，开窗越小相对越安全，单纯追求视觉美观一味地放大开窗尺寸是对操作者极不负责的做法，一旦发生事故，无论是对操作者还是对企业信誉都是致命的伤害。

侧窗的位置和大小会影响操作者对设备的维护清理，而侧窗的结构又是容易造成漏水的薄弱部分。侧窗锁具的选配要根据窗口尺寸兼顾开闭方便和密封效果。外壳的倾斜角度也会影响碎屑清理和自动回收效率。设计师在斟酌外部造型美观的同时，要随时考虑外形给内部空间带来的变化，避免无用空间和影响设备运转空间的产生。

大型设备的台阶踏板必须有防滑设计，踏板宽度一般不小于 800 毫米，即一个半的步幅。因操作者注意力集中在系统界面数据或舱内加工件的时候，脚下的移动是根据身体重心下意识地调整，踏板宽度过窄容易造成跌落或踩空，从而造成安全事故。台阶应避免采用有倾斜角度的过度斜面，防止因滑倒而造成事故。

机床外观设计过程中，几乎所有的尺度设定不仅对造型结果产生影响，更涉及设备的正常运行和操作者使用的便捷乃至安全，是无法回避的设计要件。

操控行为与身体接触部件

操作者操控机床时与身体接触最多的莫过于门体和数控系统操控手柄等部位。门体的结构、重量、顺滑程度、把手的手感等，都会影响操控者的体验。此外，数控系统的操作手柄、气水枪、电柜门、检修口等重点接触部位，都要符合人体工学的基本尺度要求。单件可开闭门体的重量、锁具的选配以及开闭门的旋转半径等，都会影响操作体验。

报警灯位置应根据设备高度，设计在操作者随时能观察到的位置，避免造成观察死角而延误故障处理时间。单扇门的重量也有严格限制，有些加工设备要求操作者频繁开关门，甚至几十秒就要进行一次。开门尺寸、造型结构直接影响到门体重量和顺滑程度。

部分单开门设备门体开闭方向和数控系统安装位置均要考虑操作习惯和左右手对按键操作的灵敏程度，避免误操作。

噪声与炫光

精密机床操作环境内的噪声和炫光会分散操作者的注意力，造成身体不适，甚至会直接影响数据的读取而造成误判误操作。除了床身外形会影响视觉感受，床身整体涂装的色彩和质感也会影响操作者。应尽量减少亮光涂料和亮光金属部件的使用，磨砂或哑光类材料更适合机床的外观。除了报警灯外，应尽量减少发光部件和纯装饰发光件，而报警灯则应安装在操作者在工作状态下随时能看到的位置。

用力与疲劳

现在的机床早已不是笨重的工具，机床操作也不再是纯体力劳动。而加工效率的提高大大缩短了单件加工时间，有些部件的加工时间可以用秒来计算。尚未实现完全自动加工的某些设备仍需要操作者频繁拉动加工区门体进行上下工件的重复操作，对于这样的设备，其门体大小与重量就成为设计的关键因素。门的悬挂方式、与滑轨的承载角度也会影响门体开闭顺滑程度，门把手的把握手感、用力角度、高低位置、材质选择等都会影响操作者的用力程度，以上诸因素都会对机床相关部件的使用寿命产生影响。

认知与判断

现在的加工设备以数控为主，以往根据个人经验进行操作的工作状态代之以读取数控面板的数据来了解设备运行状态，机床的信息交互系统就变得尤为重要。对操作者的手、眼、耳、身的行为分析，以及读取、辨别、认知、判断、专注等认知心理活动的跟踪，成为机床外观设计要特别投入心智的设计范畴。凡是与机床操作相关的可接触部件如数控系统界面、手持单元、按键旋钮、电柜开关、急停按钮等关键功能部件的造型语义要明确，逻辑要清晰，并且功能部件之间应保持足够的安全区域，防止误操作。

精神舒缓与心情愉悦

优秀的机床外观与优秀的人机工学设计是分不开的，处理好这两个关键因素不仅能让机床"看上去很美"，操作起来也会精神愉悦，不易疲劳，注意力可以长时间专注在加工件上。当今的机床操控早已不是纯体力的劳作，操作者在工作时间始终保持愉悦的心情和专注的精神状态对高精密设备的操控十分重要。

由此可见，机床的外观设计除了一般意义上的人机生理心理体验，对操作者安全高效投入工作的相关因素给予重点关注也是外观设计的重要内容。机床首先是加工工具，是由操作者进行高效准确频繁操作的设备。在外观设计时设备的外观造型与操作者的行为都应是被格外关注的重要因素。

机床的操作主体是人，为人而设计从来都是外观设计的核心目的。

本章要点

本章从机床的工具属性展开话题，重点阐述了外观设计要从全面了解机床内部结构开始，熟悉机床操作规范和行为特点，通过外观创新设计协调机床操作过程中的人机关系，设计出"好用"的机床。

外观设计从来不只是针对"外观"的设计。

文中以广泛普及的立式加工中心为例，初步介绍了数控机床的基本结构和运行原理。从机床内部结构出发，从改善机床制造和使用体验的角度进行外观规划。

外观设计的根本是为人的设计，改善机床操作体验、提升工作效率、降低劳动强度、减少误判误操作是外观设计师的使命，也是外观设计对机床产品品质提升的重要作用。

5 设计师应该了解的钣金制造知识

5.1 以钣金工艺为主的机床外罩加工

我们看到的机床外观主要是由机床的"防护罩"来呈现的，也称为外罩，是由钢板及其他金属材料经过一系列钣金工艺加工制成的。床身内部又分割成可耐油水的加工区和与油水隔离的电器柜、刀库等不同功能区域。电器柜、刀库、线槽等区域一般都会有单独的钣金件作保护，被称作内防护。可以说机床的外防护、外防护包裹的内防护和铸件形成了机床外观主体，就像围墙和屋顶造就了房子的基本外形，机床的所谓外观就是由钣金构件组合加工而成。钣金制造最终成就了从外观设计效果图转化为设备实物落地的过程。外观设计方案更像是把对一顿美餐的憧憬列成菜单，能否如愿得到满意的美味还要经过钣金结构设计过程，将必要食材装进满满的菜篮做准备，最后经过钣金制作加工工艺来烹调大餐。菜单与色香味俱全的佳肴中间是厨师煎炒烹炸的加工过程，而从外观设计效果图到实物落地呈现出来，则需要钣金加工的制造过程。

钣金设计比较繁杂，首先要保证机床的功能设计参数和使用安全，又要体现外观的造型风格；既要与床身牢牢地把接固定，又要保证防护本身所具备的防水、防油雾、防碎屑的"三防"功能；门体开合不但要顺畅，还要保证开门行程尺寸必须满足最大加工件上下料不受干涉。

外观再漂亮的机床防护，如果无法满足机床使用功能，一旦开机运行后发生钣金件与主机行程干涉、漏水、漏油等情况，那几乎就无法正常使用。而装配好的机床再进行钣金防护的结构改进和防水堵漏处理是非常困难的，各种技术手段和加工要求似乎最终都指向一个目的——防漏。漏水漏油是机床防护钣金加工行业的大忌。

看到的"外观"就是钣金件加工成品

对于外观设计师而言，什么是钣金？一台中型机床放在那里，你看到的样子基本就是钣金防护的样子，就像一台钢琴外边盖的一块天鹅绒的苫布，只是床身上的这块苫布在机床这里叫作"防护罩"。为什么只是中型机床？因为大型机床的单体比较大，很难用一个"大罩"完全罩住整台机床，钣金只能"包裹"住部分部件，呈半封闭状态。

所谓钣金，是用冷轧钢板经过一系列加工过程制造机床床身箱体基本工艺的总称。钣金设计是继外观设计之后又一个重要设计过程。外观设计的设想最终通过钣金设计、钣金制造工艺来实现。

目前全世界的机床几乎都在采用这样的钣金制作工艺。作为机床的保护罩，既要保护操作者安全地操控机床，又要保证加工区内四溅的加工液顺利回流，除了良好的钣金结构设计外，精良的钣金加工过程同样是关键。

钣金材料——材料特性与加工局限

机床设备对刚性、稳定性、耐酸腐性的要求决定了选材必须是以钢铁为主的金属材料。又因为机床型号品类繁多，同一款机床因加工目的不同相应配置也不同。小批量产品不能摊销高昂的模具制造费用，难以实现模具加工，所以机床外观使用的钣金加工几乎不采用模具成型工艺。在广泛应用的钣金材料中，有用于筋骨起支撑作用的标准型材（角钢、槽钢等），有用于床身板壁加工的冷轧钢板、不锈钢板、压花板等金属板材。特种玻璃、橡胶、防水胶、工程塑料等作为辅助材料，也会出现在机床的特定部位。

冷轧钢板一般要经过下料、折弯、焊接成型等工序。钢板的厚度一般以 2.0 毫米或以下的居多，这个厚度的钢板折弯成型加工方便，且成品不会很重。冷轧钢板有平板和卷板两种形式，平板中常用的规格有 2.0 板，长宽 1000×2000、1200×2400、1500×2500、1500×3000 等不同规格，根据加工部件展开尺寸决定使用哪种板材。除部分特殊设备需要用不锈钢板材制造,还有少量采用不锈钢板加工的部件或仅作为装饰带、门口下沿耐磨区域使用。玻璃一般用于机床的观察门窗,为保证安全多采用复合玻璃或防弹玻璃。除了钣金制造过程所使用的上述材料之外,钣金件安装还需要吊件、滑块、门锁、把手、合页、液压支架等五金件配合使用。

钣金设计——从外观效果图到钣金工艺图

钣金设计是以外观设计效果图和主机结构图为依据,将防护罩按具体构成材料及加工工艺拆分成若干部件,最终出具可指导生产制造的钣金工程图的设计过程。这一过程不只是简单的图纸转化过程,还是根据外观设计方案,运用钣金材料和相关工艺流程而进行的具有创造性的再设计过程。一般分为以下几个阶段。

第一阶段:三维建模

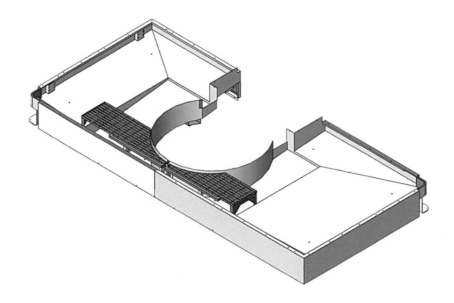

三维软件建模,以数字生成的形体模拟外观设计,检验是否忠实体现设计方案,同时检验与主机床身有无冲突点。

第二阶段：三维转二维模型图

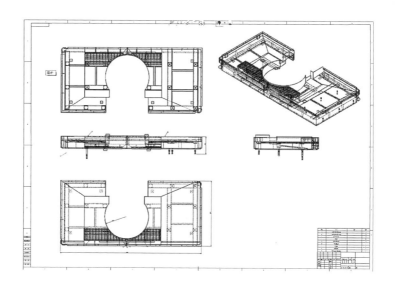

将三维模型转化成二维工程零件图，生成单体部件图。

第三阶段：拆图并做展开图

（以系统箱单件面板为例）

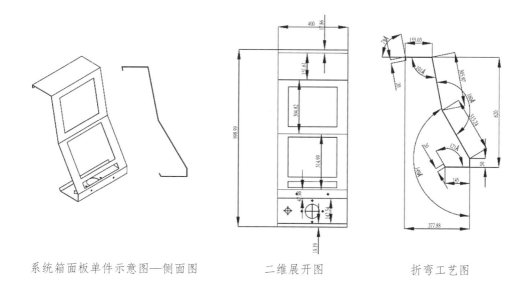

系统箱面板单件示意图—侧面图　　　　二维展开图　　　　折弯工艺图

根据各家企业钣金工艺和生产设备以及加工习惯，对钣金零部件进行钣金拆分，绘制成可加工的展开零件图。零件展开图是根据各自工厂的设备情况和加工习惯进行的，不同制造单位拆分的展开图可能有所不同，这是因为相同部件可以有不止一种加工方法，但制造出来的成品必须符合外观设计要求和相关工艺标准。有些制造单位把这个阶段的拆图工作放在生产制造环节进行。

钣金加工工艺——从钣金工艺图到钣金件制造

钣金制造过程因每个加工单位的设备和加工习惯不同会有所差异，行业普遍适用的加工工艺基本如下。

生产准备：图纸输入数控设备，加工材料准备，工装卡具准备。

下料：将选定的规格钢板按工件展开形状裁切（多采用激光设备下料）。

折弯：剪裁好的平板用折弯机按加工需要折成半成品。

焊接：一般采用二氧化碳保护焊或亚弧焊，尽量减少钢板应力变化，保持平整度。根据需要采用点焊、对焊、满焊等焊接技术。一般的把接固定工件多采用点焊，超出标准板材尺寸的大型工件一般采用对焊将板材连接。具有防水功能的部件多数采用满焊工艺来实现，也有辅助以防水胶工艺加强防水效果。焊接工序的品质直接影响钣金成品的平整度和尺寸精度，是钣金制造过程中十分重要的工序，同时也是最容易产生误差的工序。目前国内成规模的钣金加工企业在下料、折弯工序都普遍采用数控设备以保证部件精确，唯有焊接工艺多采用人工焊接，容易造成制品误差。

打磨：对加工件进行打磨，以提高平整度，有时会在凹陷处刮腻子找平，晾干后磨平，为后续工序做准备。

预配试装：（只在样机加工实施）一个新外观在定型之前，往往要通过样机来验证各方面设计的合理性与直观效果，为改进设计和最终定型提供依据。样机制造在部件打磨完成后与喷塑工艺实施之前一般会经过试装，就是将尚未喷塑的半成品裸件与主机床身进行装配验证，以检验部件与床身的配合以及部件之间的配合是否符合设计要求。如有修改，会在修改部件加工完毕后视情况再次试装，直到满意为止。根据具体情况，试装可能会进行多次。

酸洗／磷化：用化学方法对加工件进行去锈脱脂处理，增强表面对喷漆或喷塑的附着力。

喷涂：分为喷塑或喷漆。由于喷塑工艺耐腐蚀性能优于喷漆，塑粉的表面质感比较丰富，有亮光、哑光、大小橘纹、粗沙细沙等不同质感可供选择，因此机床行业多采用喷塑工艺。喷塑工序首先把定制好的塑粉通过静电吸附原理均匀地喷涂在加工件表面，经过340°左右的高温烘烤，使塑粉融化后牢牢地附着在钢板表面以起到保护作用。

丝印贴标：机床型号、生产厂家、警告标示等视觉元素，一般以床身丝印或胶纸丝印贴附等手段实现。应注意机床的使用环境一般都会有粉尘和油雾弥漫，胶贴在油雾环境里容易造成胶层失效而脱落，应采用适合工业油雾环境的纸基材料（如3M透明／半透明胶贴）进行丝印。

防护玻璃：根据机床设计强度参数选用对应的特种防爆防弹玻璃，作为门体和侧窗配料。

钣金以外的特殊工艺与材料

模具成型工艺：

模具成型一般指压铸、冲压、拉伸等工艺，加工效率高、品质稳定是模具成型工艺的最大优势，但需要加工专用模具且费用较高。机床的部件生产数量有限，采用模具加工成本过高，因而极少采用模具成型工艺。特殊部件或多机型统一模块化设计共用部件，在其成本可摊销的情况下可供考虑。

铝合金材料：

铝合金材料因其形制标准且易加工的特点，常被制成板材或型材，用于机床的装饰收边、把手主材等用途，通过阳极氧化等工艺处理可丰富表面质感和色彩。

不锈钢：

部分机床外观的单体部件或门口压条等处以板材或型材等方式采用不锈钢材料，以达到丰富视觉效果的目的。但是不锈钢制品在加工过程中形成的压痕划痕很难恢复，容易使部件产生瑕疵。

高分子材料：

一般指亚克力（PMMA或有机玻璃），化学名称为聚甲基丙烯酸甲酯，为可塑性高分子材料，具有较好的透明性、化学稳定性和耐候性。亚克力用于机床装饰件时有出现，但是与钢板等材质连接多采用胶粘方式固定，很容易脱落，使用面积不宜过大。且因静电作用容易吸附粉尘，长时间暴露在充满油雾的工厂环境里容易造成部件老化。

塑料和工程塑料：

塑料材料因其可塑性强、易于加工、成本低等特点，表面经工艺处理可模仿各种金属效果，制成厂标、型号标等装饰件贴附于床身（汽车尾标大都采用这种工艺）效果很好。工程塑料有很强的韧度和耐磨性，是把手等机床部件的首选辅助材料。

LED：

近几年出现在机床报警灯以外单独加装的、以装饰为目的的发光灯体，因其造成的光污染会影响操作者注意力，故不建议使用。与报警灯同步具有报警功能的灯带或发光体不在此例。

机床行业经过多年摸索，对钣金加工用材有严格的限制，这里既有成本控制的因素，也有对刚性、防冲击、平整度、耐酸耐油等多方面的技术要求。行业对新材料的引进保持审慎的态度，未经严苛工作环境长时间考验的材料，一般不会轻易在机床上使用。

5.2 钣金件是如何安装在机床上的

钣金件加工完毕后运到主机厂安装在机床主机上，经过调试后，一台机床才算制造完成。钣金安装是机床制造过程中十分重要的一个环节，特别是样机的安装，部件之间的配合尚未磨合成熟，容易发生试车漏水等情况。设计师应充分了解钣金安装工序和关键技术要求，这样有助于在设计过程中提出优化解决方案。

钣金安装一般都会有既定的安装顺序，本着自下而上、由内而外的基本顺序组合部件完成安装。防止漏水是钣金安装自始至终努力做的一件事。一台机床的水平基线很重要，所有部件都会以这个基线为准进行配合安装，防水部

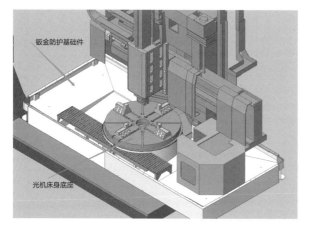

位也大都在基线的位置。钣金组件相互配合安装时，纵向的接缝往往容易漏水，钣金设计一般都会采用迷宫式结构或 U 型扣件来防止漏水。螺丝孔、走线槽、侧窗四周、外开门结构等都是容易漏水的地方，外观设计在处理这些位置时应与钣金结构工程师充分沟通。

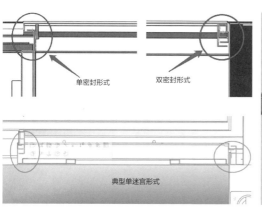

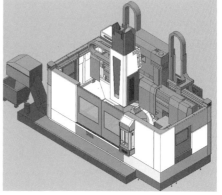

单迷宫、双迷宫防水结构

　　钣金安装一般以多人组成的安装团队进行，不同机型的外罩差异很大，安装程序也不尽相同。

　　从裸露的主机机台到完整的机床，要经过钣金制造厂与主机厂的完美对接，最终完成机床制造，经过现场调试，一个新的外观就此诞生。

5.3 钣金制造与外观设计

钣金安装完毕并经过调试，一台机床才算是制造完成。

如前章所述，钣金制造工艺与安装过程似乎与外观设计没有直接关系，但是作为机床产品的外观设计师，如不了解钣金制造和安装的相关要求，单纯从美学角度追求外观线型的变化，可能对钣金制造、安装及机床使用造成极大影响。外观设计应格外注意以下几个环节。

腰线位置与分件线

腰线是机床外观设计很重要的造型要素，它是包裹加工区的"大罩"与基础承载部分的分界线。在机床床身铸件的上端一般会有接水盘结构，负责回收切削液，将油水和加工碎屑集中排出。就像旗袍的腰线能彰显身体的优美曲线，优秀的机床腰线设计也能展现独特的产品风格。但是腰线的位置不是随意设定的，要根据机床内部的结构来决定。常规来讲，腰线应在基座与接水盘分界线以上不远的位置，这似乎像定律一样不容改变，过高或过低都会影响机床的正常使用。另外，钣金件单件单色是基本要求，如在单体件上进行分色设计，原则上必须采用分件来加工，安装时再把不同分色部件拼接在一起。单件之间的相互拼接越多，造成漏水的隐患越大。若分色的位置在支撑门体或悬挂数控系统的受力点，则会极大影响床身的强度和稳定性。

左右大罩与立柱把接

就立式加工中心而言，要求以主轴为中心，床身左右对称，门体中心对准工作台中心。强行改变这样的对称形态可能会导致床身配重冲突而失衡，或者因改变内部空间分配而形成无用空间。左右大罩在床身前面开口与门体连接，在后侧与立柱密闭把接防止漏水的床身基本构成方式不能改变。

任何造型变化，最终都要回归到钣金件组成的箱体，设计师在外观造型上寻求变化并发挥创造力的空间其实是很有限的。做好一家企业的外观设计尚属不易，在相同或相近的床身结构上，做十个、几十个不同企业的外观设计，既要有明显的特征又要符合加工工艺要求，更是难上加难。

关于"三防"

机床钣金的"三防"（即防油雾、防漏水、防积屑），这是对箱体制造最基本的要求，而外观设计追求造型变化和钣金制造要求结构部件完整，这似乎是一个矛盾体。如何从中寻找到平衡兼容的解决方案是对设计师能力与智慧的考验。容易造成漏水的位置包括滑动门体、钣金组件连接缝隙、侧窗边缘、走线槽以及所有外部螺丝贯穿箱体的地方。特别是当机床前门采用外挂门结构，在开启状态时门体超出床身的部分容易有滴水的现象。

有些漏水的地方很难从表面发现，因为加工工件的刀具在高速运转的作用下，箱体内会弥漫着饱和的水雾，会通过横向腔体向纵向腔体内慢慢转移积蓄，细小的缝隙积累到一定程度就会发生滴落。此时看到的滴水位置未必是产生水滴的原初位置，因此真正的漏水点很难被发现。甚至个别极端的案例是，由于机床在加工时起防漏作用的橡胶等辅助材料温度升高，导致与钣金件衔接部位产生细微变形错位，最终导致滴漏现象的发生。

要降低发生漏水的概率，在外观设计阶段就要尽量避免容易导致漏水的造型，减少多余的分色和转角，减少加工液在箱体内部积留时间。钣金分件分色的位置与方向应尽量根据机床内部主机结构，寻找最合理的把接位置，顺应自然水流方向，最大限度地减少漏水的发生。

外观设计的分件线应严守内部结构基准面，在合理的区间分件才能即保证上下料操作与工作台平齐，又能有效回收回流加工液和碎屑。高于或低于结构基准面都会对机床正常使用带来严重问题。外观造型的变化也会对箱体内部水流方向和排屑角度产生影响。

以上几项内容看似和外观设计无关，既不涉及审美，又无关艺术风格，然而这恰恰是机床设备外观设计的要害，体现艺术与科技完美结合的交汇点。

关于平整度

构成机床床身的钣金加工平整度是衡量钣金加工品质的重要因素，同时也是体现机床外观线面性格的重要手段。钣金加工的主要材料是钢板，局部遇热会造成板面应力的改变而形成凹凸不平的现象。而床身焊接加工又不可避免地会使钢板局部受热，造成不规则隆起或凹陷。最大限度地保持板面的平整度是衡量钣金加工技术的重要指标。

大板面拼接以及与内部支撑部位的焊接点都是极易造成板面变形的地方，而亮光漆又是容易将不平整的板面瑕疵放大的要因。采用哑光材料喷涂会适当减轻板面因局部凹凸变形对光线的反射，从而提升视觉效果。

另外，焊接部位打磨不到位或因打磨过度而失去平直角，均会造成局部瑕疵而影响整体平整度。目前国内钣金加工企业普遍投入数控设备进行下料、折弯、冲孔等加工，唯独对板面平整度影响最大的焊接工序大多采用人工来加工。毕竟完全采用焊接机器人的资金投入是大部分钣金加工企业一时难以承受的。

倾斜与尖角

机床的外形似乎都是四四方方的大盒子，这是由于四方盒子的内部空间就是机床加工平台移动的行程空间，工作台移动的极限尺寸加上钣金结构厚度，基本形成了床身外部尺寸。而要改变床身的造型，多采用倾斜面等手法来实现线形变化。此时要特别注意，倾斜面削掉的空间很可能会影响到机床的正常使用，倾斜的床身还可能影响数控系统的支撑，滑动的门体安装在倾斜面时由于重力方向发生改变，会造成滑轨不顺畅、开闭门用力增加等问题。床身出现突出或尖角，特别是出现在平均身高以下的位置可能对操作者造成伤害。在进行床身外必要的托架、挂架以及水气枪悬挂位置、手持数控操作单元等的设计时，要特别注意这一点。

多曲面和异形加工

多曲面加工是钣金加工尽量避免的高难度动作，费工、费时、费料且成品率低，要占用大量优质生产资源，很令钣金加工企业头疼。一般单曲面加工通常要制作特殊的工装来保证曲度一致不变形。而多曲面和异形单件不能借助数控设备进行加工，只能采用手工制造，效率低、废品率高，不适合量产。异形单件还容易在焊接、喷塑等加工过程中出现死角，造成涂装不均匀或容易漏水。因此多曲面造型在机床外观设计时应尽量避免。

关于稳定性

机床的稳定性是优先于其他技术指标的核心品质体现，保证机床稳定运行是对外观设计的基本要求。一部机床在进行结构设计时就应充分考虑设备在正常运行时产生的运动平衡、动件与非动件的结构关系和支撑体系。外观设计无论采用怎样的造型风格，前提是不能破坏床身的基本稳定和平衡，不能影响设备的正常运行和操控。

机床的钣金加工是机床外观得以实现的基本加工手段，也是外观设计师必须充分了解的基本知识。只有充分了解机床的性能和基本结构，熟悉钣金加工的基本工艺，才能更好地发挥创意优势，实现良好的设计。

本章要点

本章重点介绍了机床的外防护罩——钣金加工及材料工艺特点。外观设计方案要通过钣金设计、钣金制造来最终实现，钣金工艺是外观设计师必须掌握的基本知识，是将外观设计方案通过钣金制造得以实现的基本手段。

钣金工艺设计是针对材料、加工设备、制造工艺而进行的设计，也是机床制造过程中技术含量很高的设计阶段。钣金制造是对钣金设计的工艺实施，直接影响机床外观的呈现。对钣金材料和制造工艺了解得越透彻，越能充分发挥创意的力量，使材料工艺的局限变成实现创意的机会和优势。

钣金设计是机床产品的主机设计、外观设计、钣金设计三大设计过程中重要的方案落地设计，其结果不仅直接影响到机床的加工性能，还会左右机床的操作体验，决定机床产品最终的外观品质呈现。

6　如何进行机床的外观设计

6.1 机床外观设计从何入手

机床的外观设计该从何处入手？通过前文我们对机床的初步了解，可以这样讲，机床的外观设计从了解内部结构开始，从床身结构出发，为机床使用者提供良好的操控体验为目的，最终将赏心悦目的设计方案落地在钣金制造工艺上。"由内而外"进行外观设计是机床这一特殊工业产品的设计原则，也是必须经历的设计过程。机床"外观"为"内用"而用，"内用"得"外观"以观。只从外表给机床作穿衣戴帽式的化妆毫无意义。

机床结构经过不断优化，性能也在不断提升，但相同款型的机床结构布局和基本技术参数已基本定型，各厂家的同类型产品结构相近，外形也十分相似。理论上讲，一个机型的内部结构优化到极致，外部形态即基本成型。假设外观设计在此基础上同样以最好、最合理的状态呈现，外观设计也只能有一种方案似乎更符合逻辑。

而现实并不是这样，因为机床的基本结构布局、传动过程、技术参数等物理因素可以追求接近极致的结果，所有参数都可以用数据来衡量接近最佳状态。而外观设计却可以有千变万化，就像我们的面孔一样可以有特征，可以有性格，可以威猛阳刚，也可以玲珑妩媚。市场需要不同面孔的机床，企业需要不同风格的外观。好的设计永远是被市场追捧的，所以机床外观设计一定是在机床本身结构的基础上不断加分的过程，而加分多少正是设计师的观察力、理解力、综合力、艺术表达力、创造力得以发挥的空间。设计师对美与和谐独特的感知力，造就了结构相近而外观不同的机床产品。如果因外观设计妨碍机床的正常使用，给钣金加工环节制造了很大难题，费工费料地勉强实现就是减分。所有减分的设计都不是好设计，或者就不该叫设计。

设计师的天职是创造，创造美好，创造优秀，创造新颖，创造未来。今天的机床再也不是裸露着钢铁骨架满身油污的粗陋工具了，外观设计师通过艺术化的创造，将冰冷的钢铁躯体赋予生动的个性和关怀的温度，让机器设备灵动起来，让操作机器的人快乐起来，让每一台机床都散发出智慧的光芒。

6.2 机床结构和钣金工艺——外观设计师荡舟的双桨

机床的外观设计十分不易，是因为两大因素制约着设计师的创造力发挥。其一是机床主体结构决定了基本外形的走向。当漫天飞舞的创意动机与冰冷坚硬的机床结构发生碰撞，似乎来不得半点飞扬的墨彩，必须丁是丁卯是卯。由于机床的基本构造所致，其外形的基本形态是相对固定的，所谓外观也不会有太大的变化空间，这就给外观设计的创新造成很大的局限。

机床的外部形态一般由两个重要因素决定，一是机床基本结构形成了其内部骨架关系以及体块连接布局，二是与骨架紧密连接的外罩形成的加工空间决定了机床的基本外围尺寸。机床在功能设计阶段对其配重承载、部件运动行程、电机刀具作用方向、电气管路布局、排屑除雾清理、数控系统及照明报警系统电路等方面，都进行了极其严密的设计。为了保证加工设备性能符合设计要求，内部功能设计一经确定就不可进行大的移位改动。特别是机床的平衡、共振、电磁干扰等因素更是经过周密计算后的优化结果，对其基本部件的任何轻微改动都可谓牵一发而动全身。

人为地改变机床的基本形态，要么会浪费加工材料，要么会在设备上形成无用空间，给排屑造成人为障碍，对水雾的密封增加风险，还可能会因共振的产生而影响机床的加工精度。一旦基本形态被功能锁定，所谓造型设计能够发挥

立式加工中心内部结构部件

的空间极其有限，几乎任何一个面和折线都与内部加工空间有关，容不得设计师随意挥洒。又由于同类型机床的内部结构高度相似，找到能够区分不同企业同类产品的"外观"特征确是难度极高的创造性劳动。

影响设计师创造力发挥的另一个因素就是钣金制造。钣金制造过程的所有努力最终似乎都指向一个目的——"三防"（防油、防水、防碎屑）。构成机床外壳制造的材料工艺，决定了外罩的基本分割线和组装模块须满足防漏的要求。

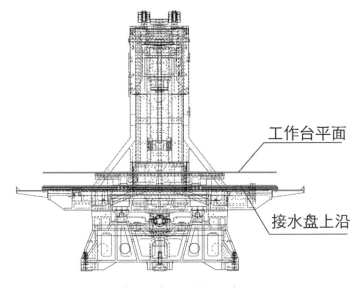

工作台平面

接水盘上沿

立式加工中心分界线示意图

例如，立式加工中心一般分为上下结构，分界线在基础铸件上的接水盘以上、工作台平面以下的位置，分界线不能超越这个区域。若低于接水盘，加工液不能完全排出会造成漏水，高于工作台平面会造成上下工件不便。也就是说上下区域分界线的高低位置只能在这两条线之间。分界线以上部分又分为左大罩和右大罩，左右罩之间就是拉门。拉门开口的大小一般由设计可加工最大工件的上下料安全尺寸决定。由于加工中心内部加工区空间相对较大，为了便于清理加工碎屑，方便对设备内部进行维修，机床两侧或开有侧窗。几乎所有分件位置、方向都是相对固定的。一旦改变分件的位置，要么会影响机床运行，要么会造成漏水积屑。

钣金加工一般以直线工件最为合理有效。在一般不采用模具制造的钣金行业，曲面、多曲面和异形加工十分复杂，对设备和工艺、加工经验有很高要求。这又是制约外形自由变化的另一个主要障碍。床身涂装色彩以单件钣金为单位，一般不在同一件钣金单体上进行分色。

另外，机床工作环境的温度湿度变化和弥漫油雾对床身外侧贴附的装饰板、标识材料提出很高要求。一台机床要在这样的环境下至少工作十年，这意味着床身上的所有附加视觉元素的做工材料都要符合工厂环境的使用条件。

机床的外观是依赖钢铁的外衣展现风采的。任何有关造型的线条都要经历电弧火花的勾勒、角磨机的打磨，美好的造型梦就这样被慢慢磨平，设计师随手划下的犹如彩虹般优美线条被剪板机、折弯机压得支离破碎。

机床外观设计一路走下来就像经过一个个雷区，能安全通过还要走得优美就必须清楚雷在哪里。设计师手里有两只桨，左手是熟悉机床结构，右手是懂得钣金制造工艺。不同类别机床的外形差异很大，综合起来要特别关注以下环节。

6.3 机床外观设计的十大死穴

经过十几年的探索，经历几百个设计方案的细心研磨，我们总结出几个规律性的要点与读者分享。

在以往的设计案例中，极少有轻松通过委托方审核的，都是经过数次乃至十数次的重大修改甚至是推翻重来的设计过程。在设计师眼中，一个看上去很美又活力四射的设计方案，在制造环节遇到钣金工艺那冰冷的钢板时，便会被瞬间冷却，设计师的激情与诗意一下子变得苍白无力。而每一次又都在经历反复的挣扎过后，将散落在地上的灵感与未泯的憧憬重新拾起，在形式与功能、畅想与现实的对撞中重燃火花，最终赢得客户的认可。而每每遇到困境和纠结的地方，几乎都与机床的运行、操作、运输和制造有关。这样的冲突正是体现了艺术与科技在机床设备外观设计上的交汇，也进一步提示了机床的外观设计必须遵循的那些规律的存在。

最容易被设计师忽视而又最致命的外观设计陷阱有：

造型

首先，机床钣金部件的加工由于成本因素极少采用模具成型，所有造型上的体块轮廓变化，最终都要经过钢板剪切、折弯、焊接、喷涂等工序来实现。折弯机只能处理直线造型的转角加工，所有圆角曲面的成型焊接都要经过手工处理，既不能保证加工制品的一致性，又容易造成漏水或开裂。特别是多曲面造型几乎是钣金加工的噩梦，在目前国内钣金加工工艺局限下，设计外观时尽量避免出现曲面或多曲面造型。无意义的凹凸变化势必给后期加工增加难度，影响成品质和生产效率。曲线造型最容易打动人的视觉，甚至最初也会令大部分客户眼前一亮。但最终会因曲线造型在制造上的效率弱点以及对经济效益的综合评估，最终也最容易被委托方放弃。

曲线与直线：

多年以来，机床行业对设备外观造型风格有独特的描述，对床身主要位置出现曲线的造型统称"圆派"，相对于整体以简洁直线为主的造型称"棱派"。总体上以"棱派"造型的机床为多，这是因为"棱派"的直线造型在制造过程容易把控，生产效率高。直线的转折可以通过机器折弯来实现批量加工，既能保持工件尺寸的统一，又能提高工作效率。而曲线就要由钣金工人手工焊接敲打成型，效率低，焊缝强度弱且难以保证一致性。因此，"圆派"与"棱派"从制造工艺角度来讲各自的优劣完全不同。

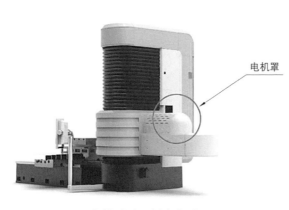

电机罩手工钣金成型

左图中的白色电机罩就是典型的"圆派"设计。单从美学角度看，直线与曲线构成的饱满形态与黄色床身造型高度呼应，统一的造型趋势并无不妥。问题出在电机罩制造工艺的局限。

这种造型的电机罩如果是通过模具注塑成型加工，则是个很好的设计，规律排列的散热孔单向出模，一次成型。但是小批量生产不可能采用模具成型，钣金加工先要将钢板按展开图裁切成锯齿形，再手工敲打弯曲出圆弧形，经过多条焊缝的拼合焊接制出工件毛坯，再经过多次手工打磨敲打才能完成。纯手工加工成品率低，废料多且难以保证制品完全一致。这样复杂的特殊加工件，工厂的师傅们称之为"刨"，就是凭手艺照猫画虎也能刨出来，据说宾利车的钣金就是手工刨出来的。在普通设备防护罩上做这样费时费力的部件，完全不符合钣金材料和工艺的特点。

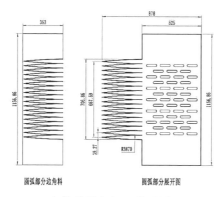

电机罩钣金加工展开图　　　　　　　　电机罩成型示意图

因此，小批量曲面、多曲面工件加工在机床钣金行业一直是雷区，是谁也不愿意干的赔本买卖。

外凸和内凹：

钣金制造的特点决定了造型上外部突出的部分在箱体内即形成内凹的部位，容易产生积屑死角，不方便清理。如若在门体一侧形成外凸的造型，在门体的内侧就会形成内凹的空间，势必造成排屑不畅，堆积的碎屑如不及时清理就会逐渐嵌入门体的滑轨，影响门体开闭的顺滑。

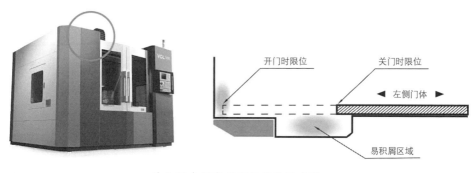

外凸门内部容易积屑部位示意图

双层结构虽然能解决内部积屑的问题，但双层结构在加工和安装时又带来新的难题——废料和漏水。外层挂板的固定点如从箱体内部用螺丝固定，必然会造成螺孔贯穿结构造成漏水，从外部固定又会产生螺丝暴露而影响美观。在床身设计时要随时意识到，外侧的外凸即是内侧的内凹。

曲面成型工艺

单曲面

直线向来是机床造型的首选，这纯粹是出于钣金材料和制造手段的限制，局部出现的曲面也应尽量用单向曲面来处理。单曲面部件在加工时一般采用擀压工艺，将钢板在折弯机上一刀一刀地压出浅折线，使平板形成一定的弧线，再与侧板进行焊接打磨。尽管加工得十分仔细，但也容易看出条条压痕，因此曲面造型应格外慎重。特别是曲度小的圆弧部件，一般都要靠纯手工制造。

圆角与多曲面

多曲面的钣金加工一直是机床行业的一个难题，其对加工设备以及制造精度要求很高。多曲面一般是指三个平面交会的锥角以圆球形来连接呈现的部分。还有一种多曲面出现在门体或床身部分，以水平轴和垂直轴的两个以上曲面相交，会产生的复杂曲面。汽车车身一般多采用多曲面制造工艺，使车身呈现美观的流线型，又因弧线使板材强度得到提高。而汽车产品的多曲面是采用模具冲压的方法，将平面的钢板压成所要曲面。家电等电器产品多采用模具成型工艺，可塑造出多变的自由曲线。由于模具成本很高，同一型号机床的出产数量远低于某款汽车的产量，因此机床行业极少采用模具冲压工艺，而以平板钣金来

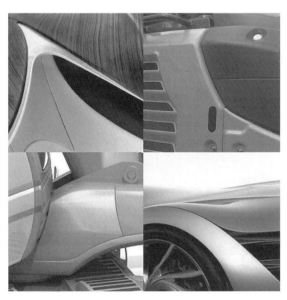

汽车制造及工程机械行业使用模具多曲面成型案例

加工制造。

在2009年EMO欧洲机床展亮相的德国企业DMG展机就以完美的多曲面床身造型吸引了全球同行业的目光，参观者对其精湛的制造工艺无不为之叹服，对当时的国际机床行业外观设计手法和钣金制造工艺影响颇深。然而经过几年的市场反馈以及制造成本的压力，DMG又推出改良型床身设计，被同行津津乐道的多曲面球状锥角又悄悄地从多曲面回归到单曲面，在不改变整体造型风格的前提下，成功地实现了工艺改进，从而降低了制造成本，为企业赢得了竞争空间。

多曲面造型

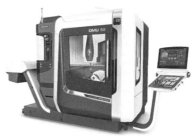

单曲面造型

DMG从多曲面回归单曲面

新款外观除了单曲面设计之外还增加了门体周边的装饰件，采用模具加工的模块化组件以适应更多不同款型的产品，使DMG的产品既呈现产品风格的统一性，又充分发挥出制造技术优势。最初的单曲面到多曲面的变化是对制造技术的突破，创造出具有鲜明企业特征的饱满外形，而多曲面向单曲面回归既保留了圆润饱满的造型风格，又提升了工艺性，使得产品特征可以延展到全产品序列。合理降低制造成本，提高加工生产效率，这不是一次单纯的单曲面回归，而是涉及制造链上所有环节的技术改进和协调同步，以最终呈现出来的结果证明了德国－日本跨国品牌的绝对制造优势。

色彩

呈色工艺

机床外观的色彩一般是通过对钣金件喷塑或喷漆来实现的，特别是喷塑工艺，要遵守单件单色的制造原则。套色、过渡色、一般不适合机床钣金加工工艺。虽然喷漆工艺可以做到局部遮喷，其复杂的工序以及对加工环境的特殊要求不适合批量加工的工件，因此机床外观很少采用复杂的用色。目前，机床床身的主体色彩一般多采用明亮的暖白或浅灰，为体现企业制造理念和增加产品特征，局部也会增加部分鲜明的色彩予以补充。由于机床的使用环境决定了不适宜大面积采用鲜艳色彩作为床身的涂装，靓丽的色彩一般只出现在床身的某一部分。个别专用设备整体涂装的色彩则是另案，不在此做过多讨论。

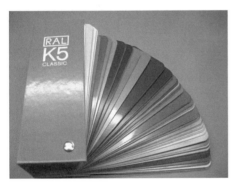

RAL 国际色标卡（德国）

喷塑用的塑粉通常是钣金加工企业依据设计要求向专业厂家定制，不同塑粉厂的色标可能有所不同，通常采用 RAL（劳尔工业标准色谱）作为识别标准。常用的塑粉除了色彩不同，还会有不同的质感可供选择，如亮光、半哑光、哑光、细沙、中沙、橘纹等颗粒状质感。塑粉的起定量是有要求的，不同批次的同色塑粉可能会有微小色差。喷塑生产线在更换不同颜色塑粉时，需要将线内剩余塑粉清理干净，往往是将某一个色标的塑粉全部加工完毕后再更换塑粉。

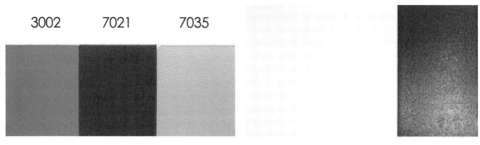

喷塑用色标（标注色号为 RAL）（哑光小桔纹 / 哑光细沙纹）

用色部位：

机床在不同行业使用，其工作环境差异很大。金属切削类机床的工作环境一般是比较大的厂房，有些还要求是恒温的车间。为尽量缓解这样的工作环境对操作者的心理压力，多采用浅色床身涂装，提高工作环境的明亮度。接近地面三四百毫米的部分多以深灰色、黑色涂装，以防止地面上油污对浅色床身的污染。

此处讨论的色彩特指与床身主色形成对比的色块，一般以企业标示色或具有行业属性的色彩来呈现。

色彩变化一般以床身正面呈现为佳，因工厂在排布机床时一般都是床身正面面向通道，床身侧面和背面的色彩特征不容易被识别。特别要注意的是，分色的部位绝对不能影响结构件的完整，要保证结构件的强度与防水性。所谓结构件是指支撑床身重量的体块或者门体、窗体等具有完整结构的部件。门体或窗体如要变化色彩，主张整体用色，或采用其他附加工艺作点缀，不能破坏单体结构的完整性而将部分部件独立拆分进行分色，这样分色的后果会极大影响部件的强度，也容易形成漏水的隐患。

单件单色是机床配色设计的基本原则。

提示 / 警告色：

具有警示含义的特殊用色出现在特定位置起提示警示作用，不可滥用。如红色、黄黑相间条码等，都具有特定的危险信息指向，一般不作为机床设备的装饰用色来使用。红色作为警示色提示该区域具有某种危险，是须谨慎操作或禁止触碰的地方。有些设备在运动部件处作出提示，防止对人造成伤害。黄黑色相间的条码一般是提示危险区域的边界，如设备进出料口、有段差的台阶以及防止碰撞等。而工程机械、起重设备等多以中黄色为主色，在野外多尘多雾作业环境会十分醒目。特别是在风沙雨雪天气，中黄色在野外环境中会很突出，易于辨别，便于其他车辆和人员及时躲避绕行。除此之外，应避免过多使用刺眼或鲜艳的色彩，减少对操作者注意力造成的分散，避免其误判误操作。

也有大型综合加工生产线是由不同供应商提供的设备，设计要求所有供应商统一涂装床身色彩，去除所有个性色彩和企业标识，可算是比较极端的个别案例。由智能加工设备如机器人、智能搬运车等组成生产线的专用设备，都有由具体的行业标准界定的关于特殊色彩的使用规范。

尺寸

单件尺寸与加工

确定单体部件的尺寸时要考虑标准板料的尺寸，避免造成余料浪费，同时单体部件一旦超过标准板料尺寸就需拼接、焊接，很容易破坏板材表面张力，产生凹凸不平的现象，影响成品的平整度。

钣金加工厂的喷塑生产线都会对单件尺寸有所约束，以保证塑粉能均匀吸附在加工件内外两侧，不产生死角，并能顺利通过生产线均匀加热。单件尺寸过大会影响仓储运输空间，增加相关成本。

单件尺寸与安装

超大钣金件在安装时必须使用吊装工具完成就位，吊装时如对吊点选择不当失去平衡致工件倾斜，很容易造成单体变形导致工件焊接部位变形开焊，与其他部件对接产生错位造成漏水。大型设备的主轴会进行定期保养检修，如主轴罩单件体量过大，每次检修都要使用吊具完成拆卸，十分不便。超大的主轴罩检修时一旦被卸下就很少再安装回去，放在车间的角落里就成了废铁。一般大型设备的主轴罩部位不存在防水要求，建议采用多件组装方式处理主轴罩的设计。

单件尺寸与重量

单件的尺寸和重量是机床安装检修时很重要的数据，要考虑该部件是否需经常拆卸，单人操作还是需要多人操作。有些部件在安装时需要使用起重设备，一旦设备投入使用，在检修维护时没有起重设备会造成不便。有些产品的售后安装要求两个工人在三个工作日内完成一台设备的钣金安装工作，这样的产品在外观设计时必须考虑单件尺寸和重量，限制在一个人可安全提起，另一人完成辅助安装的作业要求。

设备尺寸与运输

机床设备出厂时，在装箱后要经过长途公路和海上运输，装箱尺寸必须严守。企业一般都会对设备装箱尺寸提出明确要求，加工好的设备要用叉车举起装入包装箱或集装箱，再装上卡车或船舶运输。超出规定尺寸就要按非标件计价从而提高运输成本，在运输过程中也难免造成损失。

设备尺寸与空间

除了前文提到的机床设备在制造过程中要考虑尺寸的问题，机床设备在车间排列工位的落地尺寸也是需要考虑的十分重要的因素。机床在工厂车间往往是成排摆放，设备之间的通道间隔要考虑加工件的吊装和上下料，在寸土寸金的地区应尽量高密度地摆放机床。机床在地面的投影尺寸会直接关系到摆放数量，设备的电柜门、检修口等部位，其工作旋转半径是必须保留的安全空间和必要的物流通道。

对于维护、检修空间和检修口，要保证工人操作安全，并能方便地使用操作工具进行正常的维修操作。对于高大设备的扶梯、护栏、踏板、台阶，要特别关注对人机尺度的把握，预留安全锁具固定锚点，确保操作安全。

视觉元素

机床外观的特征信息除了床身造型特点和配色之外，还会体现在辅助视觉元素的设计中。床身色彩变化一般为体现企业理念、企业文化，突出产品特征形成关联记忆，或为区别某产品型号系列而进行的识别性符号设计。恰到好处的视觉元素设计除了给冰冷的机器设备起到活跃的点睛作用，还可增加床身识别性与设备属性，调整视觉平衡，丰富视觉效果。以欧美机床设备使用规范为例，一般会在床身正面醒目位置贴附安全警告标识。

视觉元素的构成

由于不同的机床设备的性能和使用环境差异很大，床身出现的必要视觉元素的内容也不尽相同，一般分为以下几种类型。

1.厂牌厂标、型号标、出厂合格证

2.警告标示、操作提示、警示线

3.特征图形、装饰色块、辅助图形

机床视觉元素的工艺呈现除喷塑喷漆之外，也可考虑采用刻贴纸或丝印、镶嵌等工艺来实现。

视觉元素的呈现

机床床身涂装一般是以喷漆或喷塑工艺来实现的，而视觉元素在经过涂装的床身表面的呈现手法，则多采用丝网印、3M 贴膜、刻贴纸、铝合金制件镶嵌、UV 打印等工艺。

丝网印：丝网印工艺是十分普及而成熟的呈现手段，手工丝网印成本低，易于现场操作完成。需要先分色制版，一色一版。在组装好的机床床身进行丝印需要现场操作，将网版垂直固定在床身，手工完成丝印。这对操作精度有很高要求，一般仅适于单版单色，不适合过渡色的表现。套色丝网印在对版时应预留出误差范围，采用局部套叠或叠压的手法，以保证图案严整，套印准确。床身的丝印图案面积不易过大。

3M 丝印贴膜：由美国 3M 公司开发的专门用于丝网印刷的背胶贴膜，分为透明、磨砂等不同质感。可参考普通四色印刷及复杂色彩效果的过渡色。为使呈色效果更好，可在四色之外增加一版白色作为底衬，再印刷四色图案，这样色彩效果会更好。采用 3M 丝印贴膜，可以将丝印工作在印刷车间里完成，经过剪裁后将成品贴附于机床，减少了普通丝印现场操作带来的不确定性，且印刷色彩可以十分丰富，相比普通丝印具有很大优势。又因可批量印刷加工，成本并不是很高。3M 丝印贴膜的背胶是针对特定使用环境开发的，有很强的耐油性，在油雾环境下可安全使用十年。

刻贴纸：带背胶的彩色膜贴，材质有透明聚氯乙烯 (PVC)、静电聚氯乙烯 (PVC)、聚酯 (PET) 等。因背胶在充满油雾的环境中会很快失效，在清理床身时容易造成脱落，应选用材基相对厚实、背胶为防油等级的刻贴纸。图案不易过分细密，一般以制作型号标的字母或数字为多。

铝合金：以铝合金或不锈钢等金属、仿金属材质制作的立体图标，其形式类似于汽车的首尾车标，以展示企业名称或 LOGO 为多。它的优势在于一般的油雾环境对其粘接固定强度影响不大，清洁擦拭床身使用的清洁剂、去油剂、酒精等材料均可正常使用。需要注意的是，在与床身固定时，应避免由于贯穿钣金开孔而产生漏水隐患。

UV 打印：UV 打印是近几年推广的普材打印技术，对平整的板面或小橘纹、细沙纹等微小颗粒的板面都可以进行较为精细的打印。相对于丝网印刷工艺，UV 打印不用制版，可批量加工，也可以满足单件制作。UV 打印是以光敏材料在打印界面进行喷涂，通过 LED 冷光源发出紫外线波，照射光敏墨水使之迅速固化的打印技术，打印后可在界质表面形成一层略带凹凸的"浮雕感"涂层，有很好的耐油、耐水、防晒的特性。适合机床外防护型号标、厂标、警告标示等部位的打印制作，对图形色彩没有特别限制。建议在深色板面进行 UV 打印时先打印一层白色衬底，再进行其他色彩的打印，会提高所呈现色彩的鲜艳度。

门窗

　　机床的门体和侧窗是重要的结构功能部件，也是能彰显造型特征的重要部分，是外观设计重点打造的地方。由于门体在开机加工运行过程中，既要保证密闭性，防止漏水，又要在更换工件时顺利开合，在钣金框架中要安装高强度防爆玻璃、密封胶条，还要安装滑轨、碰块、定位开关、刮水刷、把手、联动信号显示系统等一系列部件，因此门体的结构比较复杂。因其出现的位置属于机床正面的视觉敏感区，对钣金制造平整度的要求也很高。门体大致可分为内开门与外开门两种安装模式，不同设备会有单开门、双开门、叠加门、滑动门等不同形式。一般内开门的防水效果比较好，而外开门在装配时相对方便。但外开门在开门时门体内侧会有水滴聚集，门口刮水毛刷也不能百分百清除水痕，因此，防止开门滴漏对结构设计来说是一个挑战。

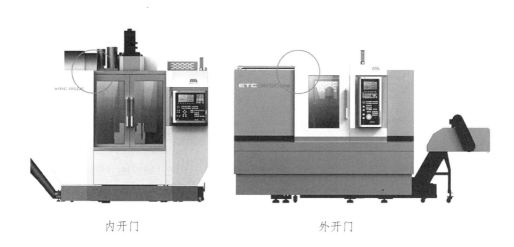

内开门　　　　　　　　　　　　　　　　外开门

　　门窗的大小应严格按主机设计要求，保证开门尺寸。观察窗的开口尺寸应把握在安全范围以内，开口越大、门体框架越窄则强度越低，而过大的开口会对加工运行安全形成隐患。机床工具行业对加工设备门窗开口大小有严格的行业设计规范，对材料安全性等也有具体的要求。侧窗是结构设计的薄弱环节，也是容易造成漏水的区域。另外应特别注意门把手突出于床身部分不能超出设备运输装箱尺寸。

重型设备

　　重型设备相对于普通加工设备而言，其自重很重且体量庞大，因其构成材料与普通机床不同，设计手法与关注重点也完全不同。一般来讲，重型设备多采用钢材结构件拼装、铸铁或加厚钢板焊接，单台设备体量动辄十几吨甚至几十吨，高度从几米到 20 米，如常见的压力机、冲压机、大型龙门加工设备等。

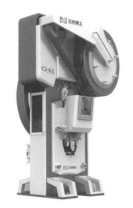

棒料切割机（三铭重工）

压力机（扬力集团）

　　重型设备的外观设计重点在于设备加工材料和加工工艺的合理应用，设备加工、运输、使用过程中的特殊要求是设计师必须全面详细了解的课题。比如一些压力机因其体量超大，出厂运输过程是以前向倾倒的方式进行转运。因此作为设备正面的相关造型部分很可能是设备倾倒后的承重部分，而运输过程的吊装搬运、现场安装等作业对外观造型部件有严格的专业要求，必须预先进行周密的考察了解。

　　重型装备的涂装也会因设备使用环境而受到限制，比如长时间在高油雾环境下使用的高大设备，高温、震动环境下使用的压力设备，高盐度、高湿度环境下使用的港口设备等，对涂装材料、涂装工艺和用色规范都会有严苛的限制。

重型设备的加工材料大多使用钢构或厚钢板直接焊接，而庞大的身躯也决定了整个设备会直接暴露钢铁结构作为外观呈现。在外观设计过程中，寻找和发现材料本身的结构美和造型魅力是重型设备外观设计的要点。

数控系统

数控系统是数控机床重要的操作控制核心，在主机设计阶段已经对数控系统的配置进行界定，不可随意变更。数控系统箱体内部的通风散热、防水防尘的空间尺寸也是经过周密设计的，随意移动数控系统位置，会对穿线、防水产生影响。数控系统的吊挂、配重、旋转、俯仰角度等，都会影响数据读取和信息识别。

数控系统采用定制模块化组配，箱体一般由主机厂钣金加工制造，或订购成套系统箱安装。安装方式一般有吊挂式、托架式、嵌入式、手持式等，一些大型设备还有摇臂式系统操控箱。无论数控系统与床身以怎样的结构方式连接安装，防水、稳定、便于操控始终是设计要点。

数控系统的 UI 界面设计是跨行业的延伸设计范畴，要考虑到人机交互、菜单逻辑、操控者读取距离，以及背景用色、字体等视觉识别要素。

今天的数控加工设备搭载的数控系统箱已不仅仅满足于钣金焊接成型的箱体制造，更多的厂家会选择集成制造开发的专用箱体。专用箱体的密封结构能保证防尘、防潮、散热等特殊要求，对使用界面的倾斜角度、吊挂支撑系统的稳定性有很高的要求。数控系统箱体开发涉及很多不同行业专业知识，对制造工艺要求很高，是典型的跨行业综合制造产品。

新材料

数控机床经过几十年的发展，外防护的成型材料变化不大，以冷轧钢板为主的钣金工艺沿用至今。不锈钢材料除了一些特殊设备如餐饮、医药等行业大量使用，一般加工类机床只作为内部防护和局部装饰件少量出现在门口耐磨区域。不锈钢板折弯加工容易造成压痕，焊接则容易在表面形成高温蚀迹难以去除。近些年不锈钢、铝合金等材料作为床身装饰部件应用广泛。由于铝合金、不锈钢等材料不能直接与钢板焊接，往往采用铆接或螺丝固定，对外观的完整性或有一定影响。

由于机床的加工环境所致，空气中常年有水雾油雾弥漫，对橡胶、亚克力、粘接剂等材料易造成老化和胶体失效，导致部件脱落。

亚克力装饰材料在油雾环境下会加速老化，表面因静电会吸附灰尘，而经常擦拭会使亚克力表面增加划痕。材料泛黄、皲裂的现象时有发生。因此，对亚克力材料在机床设备外观的使用要特别谨慎。

LED 灯作为床身的装饰部件，与报警灯联动的设计越来越多，应尽量减少纯装饰性光源在机床及其周边出现，减少光线直接刺激操作者的眼睛，避免分散操作者的注意力、干扰报警信息的及时处理。

设计提案与方案对接

提案并非只是效果图的呈现。当我们带着提案板走进委托方会议室，客户最期待的是什么？提案过程除了给客户展示效果图，还应该讨论些什么？提案会应该邀请哪些人参加？效果图什么时候展示到桌面最好？

对于提案会的期待，委托方和设计方关注的焦点是不一样的。当设计师带着自认为制作很漂亮的效果图信心满满地走进委托方的会议室，委托方对新方案的期待远不止"好看"这么单一。新方案要回应企业一系列的诉求，从企业经营目的出发，展现出能给企业带来生产经营优势和创造效益的，符合企业经营理念、彰显企业性格的，同时又"好看的"机床，是企业衡量新方案优劣的卡尺。若单纯从美学的角度介绍新设计方案，就会显得苍白，既不能满足企业投资新外观的初衷，也大大降低了新方案存在的意义和创新价值。

提案会一般会有企业负责人、技术部门、市场部门、生产部门、制造部门或制造厂家的人员参与。他们会从各自部门职责的角度品评设计方案，所谓"好看"只是第一眼，但没有眼缘的设计方案会使后面的话题很难继续展开。即便是对于能让客户眼前一亮的设计方案，可能企业负责人想的是明年的订货会上，这种设备的亮相给企业股票能拉几个涨停；技术部门想的是苦熬几年的技术攻关又要推倒从来；市场部门想的是推介会能带来多少新订单；生产部门想的是新设计一个月能出几台货，要安排多少加班；制造部门想的是刚使用半年的工装和仓库里两吨塑粉白瞎了。可见不同职能部门对设计方案的观察品评的出发点是不同的，而对于企业来说他们的意见都很重要，都有可能左右企业负责人的决策。

一个新外观带给企业的有对成功的期待，同时也有不确定的压力，如果决策失败，对企业来说可能就是灾难。因此提案过程绝非只是效果图的呈现这么简单，提案的重点在于对照设计委托方提出的设计需求，应逐一予以应答。提案的目的在于回应设计委托方具体的设计需求，明确核心诉求，聚焦问题点，提出解决方案并确认实施手段细则。不同企业对新外观的期待以及通过外观创新要解决的问题是不一样的，一个"好看"的新方案只是双方对话的起点，漂亮的效果图只是针对更多问题展开讨论的开始。

提案的程序：

简明陈述设计委托方核心诉求——介绍分析过程，抽出核心问题痛点。

回应企业核心诉求——以点对点方式陈述痛点解决思路。

新设计带来哪些改变——新功能与创新点的展开。

给企业带来哪些优势——价值提升、与竞争对手市场地位改变。

展示新设计效果图——PPT 说明设计要点，打印图展示设计细节。

提出可能的难点与委托方探讨——使用功能难点对接。

与钣金工艺的对接——制造工艺难点对接。

设计方案与钣金厂对接是外观实施过程中十分重要的制造工艺落地环节，是保证设计方案能最大限度保留设计特征，又充分发挥制造工艺手段的探讨过程。设计师要与委托方、制造方达成共识，即每一个新外观的诞生都是对传统制造工艺的全新挑战，制造企业自身必须有开拓进取和不断创新的精神，才能使生产工艺不断进步。新设计方案在实施过程中一定会遇到生产排期、加工效率、新材料新工艺的消化等难点，而加工难度的提升势必造成加工成本的提高、企业经营压力的增大。但是设计的目的就是为了很好地解决使用、功能、成本、效益、制造等诸多环节提出的问题，以创新设计思维去很好地平衡这些问题，寻找最佳解决方案。

与钣金工艺对接的焦点，往往在于新设计对传统制造工艺构成的挑战。设计师因制造难度大而一味地妥协，会失去新设计的精髓；而过于坚持设计主张，制造单位勉强接受，又难免在制造工艺消化过程形成夹生，致使设计亮点最终形同鸡肋，导致新设计的创新价值在制造环节被层层稀释。

6.4 对外观设计结果的评价

对机床外观设计的评价不能单纯从视觉美观角度看，要综合考察设计方案在制造过程的工艺性、合理性、易操作性、创新性，结合审美、人机配合等要素，并结合行业市场评价、主机厂评价、最终用户评价、相较于竞争产品的优势等因素进行全面评价。

委托设计的主机厂首先是企业，是生产经营单位，要计算投入产出成本核算。特别是在市场竞争愈发激烈的互联网时代，信息交互非常快，用户市场可选择资源多，企业面临的经营压力十分明显。借改变外观设计赢得市场机会，是大多数有改变机床外观意愿企业的目的。出色的外观设计首先能为企业带来经营上的优势，经营上"有利"的外观比单纯"好看"的外观更具吸引力。这个"有利"包括制造上的有利，成本上的有利，工艺上的有利，销售上的有利，企业形象上的有利。

这样看来，"好看的"外观并不是企业选择外观方案的唯一砝码，一个设计方案最终是否被委托方采纳，往往来自"好看"以外的因素，而这些决定因素又容易被外观设计师所忽略。

一个成功的机床外观设计方案，要顺利地解决使用过程中出现的诸多问题，包括要具备很好的工艺性、安全性、实用性，要符合企业精神和经营理念，要从终端客户和使用者的角度去评价设计的实用性。当然，具有令人赏心悦目的美学特征和协调的造型特征的外观设计，也是必不可少的因素。外观设计师习惯于从"外观"看机床，而用户更多地从"内用"看方案。要时刻记住"内用形于外观，外观工于内用"，尝试站在客户的角度审视方案，用制造工艺的语汇去表述设计意图。

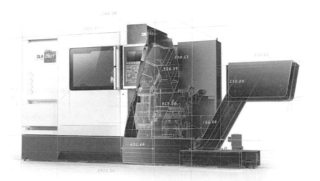

设计方 / 设计师   好看的外观设计   设计委托方 / 厂家

设计方 / 设计师

明快的色彩　　科技感
造型趋势明确　　宽敞的观察窗
醒目的视觉元素　严整的外形　漂亮的门把手
诗一般的造型　市场上最好看的报警灯
特征鲜明　比例匀称　匠心精神　节奏感强
排列有序的仪表盘　　　　　精密感
加工设备属性明确　　时代感
彰显企业精神

好看的外观设计

设计委托方 / 厂家

钣金加工难点　门体采用什么玻璃
外开门怎么防水　怎么防止油雾弥散　效益
　　生产周期　大开窗安全吗　需要投入新设备
　　　　　钣金重量是多少　原有库存如何消化
制造工时　　制造成本　新产品上岗培训
怎么保证门体的强度　如何防止碎屑进入滑轨
玻璃四周怎么防水　最大的卖点是什么
与竞品的差异

　　优秀的设计既需要灵感，又需要时间，要花费时间去打磨，去思考，了解需求，分析痛点，抽出解读核心问题的钥匙。要用时间试错，排除中间过程，要用时间做出好的设计。急功近利的突击式会战，不会有成熟的方案出现。要求设计师在极短时间内设计新外观，对于企业来说是最不划算的事。优秀的设计必须经过方方面面的周密思考。设计的意义在于创新，设计的价值不是几张效果图所能衡量的。

本章要点

本章重点讨论了机床外观设计的相关话题，但不涉及具体设计手法和美学要素，试图从认知的角度阐述对机床外观设计应有的理解，提出"外观"与"内用"的观点，强调从机床的内部结构入手，以使用者对机床的操控行为作为外观规划的依据，将"为人而设计"贯彻始终。

机床作为加工设备的工具属性与钣金加工的制造工艺是设计师的才能得以发挥的重要支点，二者缺一不可。只有吃透机床的结构和钣金制造工艺，才能驾起艺术创造的小舟，自由地划动双桨。

文中归纳了机床外观设计十分关键却又容易被忽略的设计"死穴"，都是作者十几年间经历几百个案例的浓缩总结，值得细细品读。可以说案例中提到的任何一点在案例执行过程中都会影响机床的加工制造和正常使用，如不能很好地解决这些问题，终会导致设计方案胎死腹中，无法执行。

之所以说这些要点容易被设计师忽略，是因为它们与造型、色彩、风格、调性这些造型语言毫无关系，却又是绝对绕不开的硬课题，必须加以格外的关注。

设计好看的机床并没有错，而只有好看还远远不够。企业对机床新外观的期待远比单一的好看更多元、更广泛、有更具体的目的性。换言之，企业追求的是能够提升销售业绩、带来良好经济效益的系统性解决方案，是兼顾制造、成本、工艺、材料，以及实用、好用、耐用而又好看的新设计。

7 机床外观设计与其他行业设计的比较

7.1 机床外观设计与其他工业产品设计有何不同

近年来社会上对机床外观设计的论述开始增多，许多院校也纷纷进行这方面的尝试。大家都在关注机床外观的造型风格趋势，探讨棱线转折处的美学设计，讨论人机工学体验与色彩应用实践等课题。这些的确是机床外观设计过程中需要关注的问题，但还不是核心问题。制造机床的材料、加工工艺以及机床本身的工具属性，决定了它与其他任何一种快销品都有着极大的区别，在外观设计上也就产生了完全不同的关注点和设计原则。

成型工艺与制造材料局限

日常生活中，大量的工业制品以高分子化合物、不锈钢、铝合金、工程塑料、亚克力或玻璃等材料居多，可呈现多样的造型和斑斓的色彩。这些制品因批量大且部件单体的体量并不大，制造过程中大量应用模具工艺进行冲压成型或注塑成型，并且批量生产可摊薄昂贵的模具制造成本。

而机床外观目前还是以钣金材料加工为主，一方面由于钣金制造的主要用材——钢板的成本相对不高，制成品又可以适应机床加工时高酸性油性切削液长期淋洒浸泡，很难找到其他相同成本材料替代；另一方面由于机床同一型号产品生产数量有限，且规格类别繁多，部件体量差异很大，很难摊销模具制造成本，因此机床的外观部件极少采用模具制造。

单位体量不同

机床是一个广义的加工类设备总称，不同用途、不同规格的机床在物理规格上完全不同且差异极大。有的机床高达十几二十米，落地长度可达几十米。而最接近家用电器尺度的精雕机大小仅如洗衣机。人与机床体量的对比关系影响操作者对机床外观的感知与评价，一件可以拿在手上把玩的剃须刀和一件比房屋还要大的机床，两者间的感知差异显然十分明显。由于体量上的极大差异，不同类别的机床在外观设计上也会有完全不同的设计手法和关注要点。有的机床设计重点在于如何防止加工区的油雾向外弥漫，有的机床设计重点在于如何减少箱体共振对加工精度的影响，也有的设计重点是在于如何保证十几米长的叠加门体顺利开闭、准确复位，所以很难用单一不变的设计原则或设计手法统括所有机床的外观设计。

外观设计所关注内容不同

相对于快速消费品的外观设计，机床外观设计更侧重加工制造过程和操作应用体验，机床和家用电器的加工生产都要经历工业化加工过程，最大的不同体现在两者使用体验的区别。操控一部机床和使用一部手机，对于使用者的主观行为和认知意识有着完全不同的支配因素。UI 界面设计对手机的信息浏览功能与机床数控系统的数据读取功能，是依据完全不同的界面提示逻辑来界定使用者操作行为的。机床外观设计相比普通消费品外观设计，对于产品内部结构要了解更多，对外观视觉影响更大，对如何通过制造工艺实现外观设计方案则要参与更多、介入更深。

对机械美学的深入探讨

以往国内对机械美学的探讨并不普及，对工业时代体现在工业制品上的逻辑性、运动性的探讨还不够深入。对材料美、结构美、秩序美、简约美等工业化新美学要素的理解尚不深入。相比汽车、家电、玩具等工业制品，机床因远离人们日常生活，所引发的关于机械美学的探讨少之又少。随着"变形金刚"等影视形象的普及，人们对暴露着筋骨钢架的形态开始接受，对钢铁形象体现出来的速度、力量、变形甚至毁灭都表现出极大的热情并赋予美感。对裸露金属部件的设计显现出追随的狂热，对金属材料的制成品报以一种浓浓的怀旧情绪。然而我们的社会毕竟未经历过发达的工业时代，对于持续了两百多年的蒸汽机的轰鸣尚未体味到接近哲学层面的沉淀。人们对于机床等加工设备只限于作为工具来使用，至于这些发达的先进制造工具给社会带来的改变，除了生活层面的丰富便捷，对未来人们观念意识的改变还没有投入更多的关注。

集中体现机械美学的暴露式腕表设计

毕竟我们只是前脚刚刚踏进工业化社会，在我们的制造环境里讨论机械美学还是个新话题。在反映到艺术高度之前，传统制造业已悄然进化到智能制造时代，我们对正在发生的改变既不能清楚地认知，又没有做好接受准备。

设计师凭以往设计经验难以把握机床外观设计核心

目前我国机床外观设计探索的核心问题不在美学范畴，不在造型风格，也不在人机工学的应用，而应该是制造问题，是新外观带来的新的制造手段和新工艺的实现问题。这是由于我国在机床制造领域的行业分工缺少对新工艺新材料研发和消化的机构，导致新外观的加工制造沿用旧的生产工艺和研发逻辑，难以从管理模式上实现根本突破。而对于大多数设计师来说，很难有机会通过亲自接触机床制造过程来深入了解机床制造工艺。

我们看到的所谓机床外观只是制造后呈现的结果，在"外观"呈现的过程中已远远超出了一般意义上"外观"的概念。或者说机床外观设计远不止是"外观"的设计，或许叫作"外观制造设计"可能更贴切。因为决定外观的因素除了美观之外，还有太多的制造因素在左右方案的实施。机床外观设计是关乎机床本体——钣金制造——运输仓储——安装调试——操作使用等诸多重要环节的集合体，是一个系统整合的存在，需要用系统的思维去理解和思考机床外观设计的原本意义。单纯从美学的角度对机床"外表"进行美化设计的努力，都是片面的和没有意义的。

机床外观设计思考的远不只是"外观"，机床外观设计终究不能只停留在"设计"的范畴。

7.2 机床外观设计与其他行业设计之比较

机床与其他工业制品在外观设计方面没有本质的不同，最大的区别在于机床结构的复杂性。外观对机床性能带来的不确定干扰以及制造工艺上的局限，往往令设计师不知所措。如果说一台家用吸尘器，其制造工艺和加工链完全成熟，或许几张效果图就可以完成外观设计。这是因为在家用吸尘器的制造后面有足够庞大的加工体系提供方方面面的支持，从材料、结构、电器元件、模具、加工等，每一个环节都有不同的选择和更加优化的解决方案。这是由于庞大的市场需求激发了行业体系的不断自我完善，构建了世界范围内最完整的市场支撑链条，使我们这个消费大国的家电行业得以快速发展。

与其他快销品相比，机床外观设计无论从制品体量还是内部结构的复杂程度，更接近汽车的造型设计。汽车是典型的多工序配合制造的工业制品，是制造业实力的完美集成，是"一部行走的机器"。试想一部汽车的外观不会只画几张效果图就算是完成设计了。即便是设计大师画下的优美线条界定了汽车的基本气质风格，但在造出汽车之前还要经历大量的工程设计和工艺探究的过程。汽车制造过程几乎涉及所有工业体系的支撑，汽车行业也是工艺体系最复杂、涉及面最广的产业之一。由于模具开发的复杂程度和成本核算的限制，以前一部汽车的改款是十年，而现在两三年就可以推出一代新车，这背后是强大而完备的行业体系在推动。

手机是汽车之外又一个几乎涵盖了所有尖端制造技术的工业产品，被称为"压缩在掌心的尖端工业集成"。手机外观的更新换代不仅仅是外形改变那么简单，其背后有着强大的世界尖端制造技术和制造体系在作支撑。从构成手机壳体的材料到弧面蓝宝石玻璃，从可变焦微距镜头到膜振发声材料，手机外形每一处微小的改变，都伴随着生产工艺的改变和使用体验的改善。手机厚度每压缩一毫米，对全产业链都意味着一次重大革命。

再来看看另一个相对复杂又具风险的行业——建筑业。建筑是安全性第一的半永久制品，即所谓的"百年工程"。建筑设计一般要经过建筑概念设计——视觉设计——工程结构计算——建筑单位施工，最后呈现一座完整的建筑。每一张建筑设计效果图后边都会有各方面的技术团队针对各种技术细节进行专业的攻关。即便是建筑大师扎哈，其草图上的完美曲线也不可能直接交给建筑施工单位去盖楼。如果说建筑行业因风险大，必须要有结构设计的环节去解决承重、震动、材料、施工工艺、环境地质因素等技术问题，机床行业也应该在外观设计和钣金制造之间有一个负责把视觉方案转化为施工方案的部门或者行当，可惜机床加工领域目前恰恰没有这一环节，在整个制造业都缺少这样的工艺验证环节。对于机床的生产过程，每个工序都会和外观设计有或多或少的关联。机床作为生产机器的机器，首先应该是精密可靠的工业制品。当把机床的外观设计与建筑、汽车制造、手机制造等行业作比较，我们会清楚地看到，一个新外观设计方案只是一个构想，是设计师建立在美好结果上的假设。要让这个构想把千百个可装配在一起的零部件融于一体，最终成就一台优秀工业制品的机床，后面还有很长的路要走。

7.3 制造业行业分工有待改进

当我们站在国外企业生产的机床面前，在赞叹它们优美外观的时候，千万不要认为那只是设计得好。其实在那优美的外观后面，有强大的制造产业链作为依托，有具备新工艺、新材料开发能力的研发团队作为后盾，还有合理、完善、高效的产业分工为新外观的落地提供保障。这样的保障体系又覆盖到全产业链条的每一块钢板、每一颗螺丝中。

而高度发达的制造业链条还必须有高度发达的基础教育为其源源不断地输出高质量的专业人才。如同机床的制造水平体现的是一个国家基础制造能力，机床外观设计体现的则是一个国家对制造产业的理解和人才培养教育取向。长期以来我国的教育分类以文理科划分，似乎学理科只关注物理数据，学文科可以不管结构材料。工程师认为把功能设计好就是好产品，艺术类设计学科的学生则认为好看的产品就是好设计。结构工程师与外观设计师永远是各走各的门，各说各的话。

然而发达工业社会的标志不仅是科学技术的进步，同时也体现在文化高度发达、艺术广泛普及的成果。艺术与科学在人文智慧的路口交汇，才能产生出温暖人心又具有活力的工业制品。就像我们看到的机床设备，或是一部手机、一座建筑、一组音响、一个功率放大器。

功率放大器（德国）

功放内部线路设计一定是工程师的杰作。纯粹工程师的设计，纯粹功能性设备，同样做得像艺术品，这源自工程师对优秀产品定义的全面理解，对设计核心价值的极致追求。"美"不是附加在产品表面的涂装，不是可以随意放弃和添加的选项。在产品设计的词汇里，美与功能是同时存在的，是一枚硬币的两个面，就像科技与艺术的存在。在装备制造行业，机床的"美"要以设备应有的姿态展现。

我真心希望从事工程设计的工程师和学艺术设计的设计师，同时站在制造业的基盘上彼此拥抱一下，走进对方的世界里多了解一下，从美学与工程的不同角度审视他们的设计，重新认知什么才是好的设计，如何实现科学与艺术的完美结合。

回到装备制造行业展开这个思考，外观设计师应一边牵手主机设计工程师，一边牵手钣金制造工程师，处在中间环节的外观设计师在深入了解机床的同时也要深入了解机床钣金制造工艺，这样才能设计出既好看实用又符合制造工艺的好方案。即便是这样也只是在设计思路上更贴近制造，不可能寄希望于外观设计从根本上解决制造问题。

7.4 行业真空地带——接力跑的中间棒

外观设计的过程是从最初的设计需求到设计方案，再到成品加工实现的过程，是跨行业多工种通力配合的结果，犹如多名选手组成的团队接力赛。第一棒是主机厂，作为机床生产方提出外观设计需求，以设计好的主机图纸形式交出第一棒。第二棒是外观设计单位，设计师接过机床生产方的需求来设计新外观。当新外观方案经过反复推敲修改最终被设计委托方认可时，设计师已是气喘吁吁，几近力竭。急于交给下一棒的设计师此时发现，手里的接力棒——新设计方案交不出去，因为根本没有人来接第三棒。而此时负责最终冲刺的第四棒——钣金加工单位还在遥远的地方挥手相望。那么这关键的第三棒该由谁来接呢?

当一个外观设计方案经设计委托方确定后，应该说外观设计师的使命基本达成，作为整个制造链上不同行业专业分工，应该有既了解机床又谙熟钣金制造工艺的人接过第三棒来完成使命。这个第三棒的使命并不负责批量加工生产，只负责将新外观的构想在开始批量加工之前，对加工过程中可能遇到的各种工艺细节诸如新结构、新材料、新工艺导致的强度、渗漏、工件配合、运输安装调试等制造及使用问题——破解消化。同时，对加工方法、结构优化、工序排序、品质监督、标准制定等加工工艺全过程进行跟踪定义，经过不断的优化改进，在样机定型的基础上进行小批量加工验证，直至找到最佳实施方案，最终形成可批量加工新外观的工艺优化指导方案，并提出相应的执行标准，最后将完整的、可实施的制造方案作为输出成果交给第四棒——钣金加工单位。而第四棒的钣金加工单位只负责接过完整的制造工艺方案，全速冲向终点。

外观设计师的优势是"造梦"，用腾飞的创意梦想为钢铁的床身绘制一幅美好的蓝图，而"圆梦"还要看落地制造，靠电石火花熔炼的结果。仅仅依赖外观设计师对机床的了解、对钣金工艺的了解去实现新外观的钣金产品制造实在是勉为其难，让外观设计师完善所有工艺问题更是不切实际。

而目前因行业分工不完善导致出现节点盲区，外观设计师的处境显得十分尴尬。现实中大多数案例是：设计委托方的主机厂向外观设计方提出外观设计需求并支付相应的设计费，因此，他们理所当然地认为新外观设计方案应该包括生产加工实施方法，外观设计方案应该包括针对所有制造难题的具体解决方案，而这个要求对于外观设计师来说显然是难以实现的，完全超出他们的知识结构所涵盖的专业领域。一旦委托设计单位认为外观设计师除了效果图之外给不出他们满意的工艺解决方案，则会认为付出的设计费不值，对设计方案的期待大打折扣。

更多的生产厂家在拿到新外观效果图后直接进入钣金厂进行样机加工，甚至直接开始批量生产。钣金厂作为经营性加工单位，一般对客户送来的设计图纸不作优化改动，经常以最常用的加工方法、最低的产出成本、最高的出产速度进行批量生产。这样做的后果会导致新外观的所有不确定因素未得到任何验证就直接转移到批量生产阶段，使新外观产品在出厂时就带着一身的"病"。这些"病"有些体现在生产加工阶段，有些则在日后的使用过程中才体现出来，而此时再对外观设计和生产环节进行调整为时已晚，给厂家带来不同程度的损失，使企业对新外观逐渐失去期待，甚至对已经确认的外观方案产生怀疑。

实际上问题并不在于新外观本身，而是在于新外观的构想在落地实施过程中验证环节的缺失，以及在没有解决制造问题的阶段就盲目进行批量制造。其实从外观设计效果图到实物之间应有很长的路要走，而在这段专业性很强的路程上要求外观设计师去奔跑显然是不现实的。

在没有形成完整的行业支撑体系的现阶段，这中间的第三棒或许有两种不同的方式来助力设计的长途跋涉。

一是伴随式：作为第一棒的设计委托方，主机厂伴随设计师将设计方案一同交到第四棒——钣金制造。主机厂全程主导实施，设计师全程跟随，直到中间环节的所有问题得到很好解决，将完整方案交付钣金厂制造。这种模式在主机厂自身有钣金制造能力的企业可以实现。

二是下沉式：第一棒的主机厂和第二棒的设计师带着设计方案下沉到第四棒制造方（钣金厂），将中间环节和制造的问题在钣金厂得以解决，并最终完成制造。本身不具备钣金加工能力而采取委托制造的企业，适合采取此种方式来完成新外观的开发工程。

就目前的行业现状而言，第三棒该由谁来完成，相关工艺验证费用该由谁来负担，以及验证结果的知识产权归属等问题对整个行业来说都是模糊区，没有人能明确地给出答案，更没有专业的实施团队来完成这段重要的交接。我们要求外观设计要充分了解机床和制造工艺，是为了更好地配合主机厂的工艺落地，其设计方案能更好地在制造过程中完整展现方案的创意魅力，并不能要求外观设计师解决新外观在生产加工过程中的所有工艺问题，这需要动员整个行业的力量，协调不同分工阶段的资源来实现。

实际上已经有深入了解行业需求的人士关注到这个行业链条中的空白地带，看到了大规模智能制造展开后可能释放出来的巨大的市场需求，并以各自的方法进行有意的尝试。"钣金工坊"就是其中具有代表性的创举。我国机床行业自创建之初就是计划经济的布局和分工模式，发展到今天已经不能适应大规模专业化生产的需要，特别不能适应智能制造时代将给整个行业带来的颠覆性的变化需要。几十年来的师傅带徒弟模式，已经不能解决高速发展的现代制造业提出的新材料、新工艺以及跨行业的资源整合问题。专业化的独立研发机构，以整合新技术、探索新工艺的专业化企业形态应运而生：它不承担批量制造，但是可以提供完整的批量制造工艺流程和工艺标准；它不再隶属于某一家企业，而是面对整个行业，面对社会需求；它会吸收全球钣金制造的优秀经验和人才，广泛接受、消化、利用最新锐的技术成果——一个全新的行业角色就此诞生。它的出现为新外观顺利地成为适用产品排除障碍，打消企业对新外观投入使用过程的诸多担忧，它将在即将到来的高端制造时代崭露头角，发挥其特有的市场作用，成为制造业整合加工链条中的重要一环。

大力发展高端制造业是我国现阶段的基本国策，这给企业带来新的机遇和挑战。在不断调整完善中构建全新行业构架，催生新的产业中间环节，使高端制造业的链条更加高速顺畅地运转，这是链条中所有环节、所有企业的共同期待。

本章要点　　　　　本章通过不同行业设计流程对比，让我们清楚地看到装备制造业因缺少针对新工艺消化验证环节，造成基础制造链条缺失，导致新设计方案在落地阶段难以形成成熟的产品。而未经验证的设计方案被直接送进钣金工厂进行批量加工，其成品必定携带各种内外伤，造成产品先天不足，给新产品埋下各种隐患。

这样一个长期形成的行业短板对制造业的影响会在即将到来的高端装备制造阶段凸显出来，形成灾难性的阻滞效应。因为高端装备制造是在智能化条件下形成的多工序集群制造加工链，对构成链条的每一个环节的稳定性、可靠性有着极高的要求。一旦中间环节出现哪怕是很微小的故障而引发局部停滞，最终影响的是整个加工系统的正常运转。因此，新工艺验证环节的缺失对高端装备制造的影响几乎是毁灭性的。

对这一现状的清醒认知和及早改变，培养设计师的各类院校应有紧迫感，而行业主管部门更应刻不容缓。行业性环节缺失的改善不是一朝一夕能够实现的，更不是砸钱就能立即见效的。这可能会涉及行业的基本布局，影响到整个行业上下游生态，需要通过市场化手段赋予新生链条的自主生命力。装备制造业要实现快速稳定发展，就必须沉下心，俯下身，从根本上解决多年来遗留下来的、包括核心技术基础研究在内的诸多重大课题。

8 迎接高端制造业腾飞的时代——全社会必须直面的课题

8.1 高端制造时代的新需求

改革开放 40 多年以来，特别是近 20 年随着装备制造领域的迅速发展，我国已经基本形成符合国家发展战略的产业布局，从劳动密集型的加工业制造业大国逐步向创新型制造强国迈进。现代工业设计理论的引进也已近 40 年，并在祖国大地生根、开花、结果。这 40 多年正是国民日常生活发生巨变的时期，从最初的黑白电视机、摇头电扇、单筒洗衣机，到如今电器商场琳琅满目的各类智能家电，我国的快速消费品市场发展迅速。从烧锅炉冒黑烟的绿皮车发展到飞驰大江南北的高速动车组，从街边的投币电话发展到几乎与每个人形影不离的智能手机，工业设计无时无刻不在伴随我们的生活，改变着我们的生活。

依赖于大数据、互联网、工业机器人的智能化、数据化、柔性化、人机一体化的智能制造时代已经扑面而来。伴随而来的便是对传统制造方法、管理模式、经营理念的颠覆性摧毁。制造标准的快速提升使传统的机器设备难以胜任，智能机器人的普及应用解放了操作工的双手，将人脑纳入新的信息共享体系，人——将成为智能制造系统的一个重要单元而被融入体系，从而形成全新的人机关系。这意味着一大批智能制造的新机种、新机型即将诞生，智能制造设备因其加工模式、操作模式、管理模式的重大改变，其外观模式也将被重新定义。

我们必须积极统筹传统制造业大国的工业设计体系，在消费类产品外观设计为主的基础上，加强装备制造领域的设计研究，架构符合我国装备制造产业发展的、具有我国特色的制造业设计体系。全社会要提高对高端制造业的认知，特别是要加强对高端装备制造领域的投入，使我国的航空装备、卫星制造与应用、轨道交通设备制造、海洋工程装备制造和智能装备制造五个细分领域的发展更加有序。随着"一带一路"建设规划的逐步实施，我国更多的高端制造业将走出国门，开拓国际市场。

所谓高端制造并不是在原有的装备制造业基础上通过升级改造来实现的，很多领域是原来没有或者本身就是互联网、大数据时代诞生的全新产业形态。原有的制造业要经历脱胎换骨的重生，需要全新的思维模式和管理模式来驾驭。我们必须重新制定行业规划，引领社会认知，提高社会关注，以应对国际产业调整，迎接高端制造时代的到来。

与共和国同龄的我国机床工业，在百废待兴的建设热潮中艰难起步，为"两弹一星"工程提供了必要的基础制造设备。经历了改革开放历史大潮的洗礼而成就的世界上首屈一指的制造业大国，在迈向制造强国的道路上逐渐显露出蹒跚疲态，步履变得缓慢而凌乱。新中国成立之初的制造业"十八罗汉"在制造业升级的市场经济洪流中纷纷落下帷幕，宣告了一个时代的结束。这个谢幕的时代是以计划经济的管理模式驱动的传统制造时代。这其中的部分优秀企业在经历市场经济浪潮的激烈淘洗过程中变换了身姿，在制造业升级的大舞台上以不同的调性续写辉煌。而迎接他们的是以全球一体化为视野、以智能制造为特征的高端制造时代。

8.2 教育单位与设计师需建立对制造行业的新认知

多年来我们对工业设计的认知，更多的还是停留在快消品的产品设计范畴。作为一个装备制造业大国，应重新界定工业设计领域的涵盖范围，以适应我国装备制造业的快速发展。而装备制造领域所涉及的相关知识更加广泛，特别是所涵盖的新材料、新工艺以及信息技术等领域都是不断涌现、不断更新并颠覆传统理念的前沿科技，对此需要有更加灵活敏锐的触角去探讨和把握。

以往的快消类产品设计所涉及的产品类型与知识结构已经不足以应对目前装备制造领域机床设备类产品的设计需求，对工业设计的概念有必要重新论证和调整。以智能制造为立足点，展开"大工业"的视角全方位理解工业设计新需求，以适应我国装备制造领域发展的需要。

从 20 世纪 80 年代起，国内重点设计类院校纷纷开设工业设计专业，培养了大批工业设计人才。伴随改革开放的脚步，大量新款家电、手机、玩具走进百姓家，丰富了民众生活，提升了国民的幸福指数，短短二十年我国的家电出口量跃居世界第一。据 2018 年的统计，我国出口欧洲的家电占全部出口份额的 45%，已从家电消费大国迈向家电出口大国，如此骄人的成果与国内院校对工业设计专业人才的培养是分不开的。

工业设计专业毕业生从事的工作大多与家电、玩具、手机和流行饰品设计为主，少量人员进入汽车、大交通（高铁车厢）、工具等行业，而专门从事机床外观设计的人才少之又少。院校的课程以及学生实习科目多数以家电和数码产品为主，学生在校期间几乎没有机会接触到机床外观设计，院校更是缺少熟悉机床产业、了解机床加工工艺的师资。这种局面对于我国作为全球唯一的持有全工业门类制造体系、拥有发达的加工产业和保有机床台数最多的大国位置极不相称。产业规模与专项设计教育和专门人才培养严重失衡。

2018 年我国数控机床市场规模为 3388.9 亿元，预计 2023 年将达到 5000 亿元。我国是加工大国、汽车大国、家电大国、手机大国、高铁大国，还是航空航天大国、基建大国、造船大国，这些行业的发展都依赖于机床产业的快速发展。

在新冠肺炎疫情笼罩下的今天，装备制造业从没有像现在这样在国民经济中的作用如此重要，也从未像现在这样接近并影响着我们的日常生活。机床产业从没有遇到今天这样"为全球加工、加工全球"的产业发展良机。我们必须抓住这个难得的机遇，重新构建机床外观设计人才培养体系，并加快制订适合我国装备制造业发展的人才教育规划。

8.3 企业对外观设计认知的重构

机床的外观设计能给企业带来什么？这是机床生产企业普遍存在的疑问，也是导致创新设计活动最终能否成功的关键。一般来讲，一个成功的外观设计方案应该建立在新工艺、新材料、新的审美取向甚至是新制造标准的基础上，对原有旧产品进行颠覆性的改变和提升。这个提升也应包括对生产管理模式和管理人员素质的提升。新外观或许会改变原有生产工序，废掉原有工装，投入新设备，培训新人，按照新工法进行排产。这就意味着在一段时间内可能会增加投入，劳动效率降低，企业会面临更大的经营压力。但是我们必须看到，这个看似痛苦的改变是必须要经历的，从企业生存和长远发展的意义去理解外观设计给企业带来的变化，其积极的前景毋庸置疑。

首先，新的外观设计对生产工艺及品质会提出更高要求，会带动加工单位改变传统工艺，吸收新的制造技术和管理理念，从而实现制造技术的更新，品质和制造标准的提升。管理理念的改变又会令企业主动提升员工素质，加强技术培训，形成全面向上的正循环。

新的外观设计反映的是国际最新审美趋势，影响的是主流市场取向，将新产品融入国际新趋势，提高国际竞争实力，带来新的市场机会。而传统的钣金加工企业一般是以生产为单一目标，品质追求常常让位于绩效核算。制造技术常以师傅带徒弟的传承模式在企业内部小范围内循环，难以实现快速提升和更新。

当主流市场和社会需求快速走进智能制造新时代，产品的更新换代就成为企业必须主动实施的经营行为，新技术导入会促使这样的迭代速度加快，而新产品、新外观的推出将关乎企业生存发展，成为企业赢得市场机会的有效手段，外观设计不再只是为了好看而存在。

当众多企业主动实施外观更新的经营战略，原有钣金加工市场容量和运营模式终因不能适应新需求而面临逐渐被市场淘汰的命运。巨大的市场新需求将催生产业链条中新环节的不断诞生，而这些从需求中诞生出来的新环节具有多变的触角和超强的应变能力，它将改变原有产业布局和运行模式，拉动行业整体进入智能制造的新时代。

进入智能制造阶段的新式设备，其操作模式和信息联通方式与传统产品完全不同，机床的基本形态、排列组合成线方式会出现很大改变。智能制造时代需要全新的机床外观以适应智能制造的要求。通过新外观彰显品牌价值，提升企业形象，加强市场竞争优势。新外观不仅改变企业产品形象，更有机会影响行业市场的审美取向，更新经营理念和行业标准，成为推动行业发展的重要力量。

8.4 回归设计原点，履行设计使命

在国内新冠疫情受到有效控制的2021年4月，CIMT2021第十七届中国国际机床展在北京开幕。与往届不同的是国内馆占据显要位置的参展商发生了变化。沈阳机床、大连机床、昆明机床等曾经辉煌的"十八罗汉"相继退场，取而代之的是一批有自主研发优势和掌握某方面核心技术的新兴企业以及拥有整合资源优势的大型国有企业。

曾经为共和国建设立下汗马功劳的"十八罗汉"无论以改制还是重组的方式退出舞台，一个显而易见的共同背景是：时代不同了，市场需求不同了。加工技术在进步，行业标准在提高，这些推动行业发展的基础动能已发生了根本变化。中国的制造业已经部分融入世界制造业的发展大潮中，以信息技术、通信技术、网络平台、工业机器人为基础的智能化制造彻底颠覆了传统制造的基础。站在行业发展的大背景下观察"十八罗汉"的退场，不能简单地解读为一种衰败，这是市场做出的选择，是时代发展的必然。

然而时代在发展，设计仍在继续。今天再谈设计话题，已与十几年前不同，与四十年前改革开放之初更加不同——我们的设计思维是否也要更新，设计活动在行业发展中的作用是否也要重新定位；为实现"十四五"规划为制造业确定的战略发展目标，我们需要以怎样的视野和认知来协调行业发展；我们要以怎样的知识储备来培养智能制造时代的设计师，又该调动哪些资源来启动行业协同，去完成从"制造"到"智造"的提升，让设计活动充分参与制造过程，来践行"设计"赋予的使命。

国内机床产业经过近20年市场需求的过度释放，行业整体已显疲态。面对冗余的低端产能，缺乏核心技术的产品，相对落后的管理，以及陷入低迷的市场，行业主管部门对于国家制造业发展应有更高的视野，更长远

的规划。应适时摆脱传统制造的经营管理模式，不再追求虚幻的规模膨胀，沉下心来推进核心技术研发，改进优化行业布局，才能给行业走出低谷实现高质量发展提供方向。

本书只基于机床设备外观设计过程的心得并进行粗浅的介绍，难以覆盖和适用于整个装备制造业，但是"设计"在制造业面临的困境是相似的。站在制造业的地面上讨论"设计"话题，有这样几个问题是绕不过去的：

设计的地位

制造业的特征就是以机械设备为工具进行制品加工，就目前国内制造业加工水平而言，几乎所有加工环节都有人工参与其中。机械设备设计的合理性、安全性、方便性都应成为评价的重要指标。对于制造业产品来说，设计不应是阶段性参与的化妆环节，不应成为可有可无的调味品，更不应成为产品落地后修饰补缺的工具。设计应是所有制造活动的原初起点，在项目规划之初对制造过程所有环节都应有设计活动的创造性参与，设计活动应该贯穿产品生命全周期。外观设计理念从来不是工业设计专业所专有的，而应成为不同专业设计师共同理解和相互协调的基本语言，才有助于在产品规划设计过程中始终坚守设计的初衷。

关于行业空白

前文中提到制造业有若干行业空白和链条缺失，严重制约行业的健康发展。或许在相当长的一段时间这样的缺失还会存在。造成这种缺失的原因是行业性的，是历史发展形成的，因而很难在短时间内得到彻底改善。而这样的行业缺失对即将到来的智能制造时代则是致命的、不可逾越的难题。不从根本上解决这个长期制约行业发展的难题，智能制造几乎不可能实现。这需要行业主管部门发挥出足够的智慧和持久的执行力。

就目前设计教育和设计师群体而言，我们在了解现状和大声呼吁的同时，可以为改变现状做一些有益的尝试和必要准备。例如让不同专业背景设计师参与的接力式阶段性工作整合为一个完整的设计工程，成为可调动全产业链制造技术能力的，激活所有创新环节创造动能的团体项目。对于产品制造的过程而言，不同行业背景的设计师之间不再有认知死角，不再出现利益冲突，让功能设计、外观设计、制造工艺设计等诸多环节拥有共同的目标和价值观，回归设计的原初使命。

钣金制造是所有制造业基础的基础

应提升钣金制造业在制造链中的地位，重新界定钣金制造在行业发展过程的影响和制约作用，充分认知钣金制造业也是有技术含量、科技含量，也会创造丰厚价值的产业。钣金行业应该成为专注研究制造课题的行业，是基础制造的基础，其核心价值在于制造。基础制造也是有价值的。

钣金制造也是技术，并且是学问很深的技术。应该受到与机床设计和制造技术同等的重视。以往我们一直忽略了这个行业，认为是加工业的末端，是没有技术含量的粗重劳动。如今工厂的设备更新了，掌握传统手艺的老师傅们陆续退休了，制造的重任落在新一代制造者身上。凭借以往的敲敲打打再也不能满足制造业发展的需求。钣金制造业期待一场变革，一场以新设备、新标准、新工法为基础的制造革命，一场为适应智能制造需求而进行的生死之战。

令人欣慰的是，如今行业内已经有人进行艰难的尝试，试图以"钣金工坊"的运作机制敲开制造基础的大门。虽然这样的尝试在行业大萧条的背景下显得有些"不合时宜"，更需要具有超人的勇气和对行业发展的清晰认识。我们在为他们鼓掌助威的同时，也呼吁行业主管部门和社会各界对这样的积极尝试予以充分的关注和倾力支持。毕竟我们从这样的尝试者背后瞥见到一缕希望的光，一种逆境求生的执着和胆略。

为人而设计

我们从事的设计对象似乎都与"物"相关，设计的心思似乎都作用在对物的思考、对物的分析、对物的改变。然而我们始终不能忽略另一个更重要的要素——人，要始终记住设计要解决的是为人而设计的核心问题。机床——为人而服务的加工工具，无论自动化、智能化发展到何种程度，无论新材料新工艺有多大突破，最终都要回归到为人而设计的初始命题。

任何以制造过程、材料工艺限制为借口，牺牲合理性、方便性、优越性的产品都是低劣的产品。产品设计制造过程要始终遵循为人而设计的终极目的。

本章要点

从改革开放至今，我们经历了四十几年的快速发展时期，我国的制造业走过了发达国家花了近300年才走完的路。传统制造迈向高端制造的发展进程在加快，进步模式不再是圆滑、平缓的上升曲线，而是呈现出迭代式、跳跃式的突飞猛进。新材料、大数据、智能化、工业互联……每一项新技术的诞生都对传统制造业构成颠覆性的冲击。

曾经是我们奋力追赶的技术可能在一夜之间就被淘汰，而新技术的导入不仅对相应的加工设备提出新标准，对操控设备的技术人才的培养也会提出新要求。我们不能总抱着昨天的旧图纸，沉浸在40年前快速发展阶段的美好回忆中。我们今天讨论的设计话题与40年前完全不在同一个维度，就像当年别在裤带上的"大汉显"与现在人手一部的智能手机，可谓天壤之别。

通过对机床外观设计现状的梳理，找到我们的制造业在大工业时代的历史坐标，在制造技术飞速发展的快行线和分道口看清我们前行的方向。扑面而来的智能制造时代不会主动放慢脚步，等待我们从传统制造的酣梦中渐渐苏醒。作为全球唯一全产业布局的国家，拥有最大的消费人群的发展中大国，我们有责任把产品设计做得更好，让设计活动发挥出对制造业强有力的推动作用。

9 重点案例分析

　　机床作为通用设备，其产品品类繁多，体量悬殊，形态各异，在外观设计上的关注重点也千差万别，很难用一种通用模式和统一标准概括机床外观设计的全貌。本章试图通过 10 个典型设计案例，从外观设计的不同方面深入了解机床，通过对不同类型设计案例的解析，重点了解外观设计在机床制造过程中可能遇到的要点和难点，从不同侧面解读机床外观设计须关注的诸多课题。案例追踪的重点并不局限于美学范畴，更侧重于针对具体功能和制造问题而提出的解决方案和思考过程，使读者体会设计与制造的密切关系，把握机床外观对操作使用的影响作用，以全新的切入点展开机床外观设计的方方面面。

（一）VMC0656e 五轴立式加工中心

VMC0656e 五轴立式加工中心

　　要点提示：此产品开启了国内机床企业产品外观设计工程，也是改变国内机床行业对产品外观认知的第一件成品。从系列化特征设计中寻找企业产品形态 DNA，以新外观优化钣金加工工艺。将外观设计纳入企业品牌战略范畴，通过新外观提升产品市场美誉度。以新产品外观发布为突破口，借助国际专业展会平台提升品牌形象，强化品牌外延效应。

VMC0656e 五轴立式加工中心是沈阳机床集团在 2010 年南京展会前第一款定型机·床。从这款设计中提取的造型特征、床身比例划分、配色涂装、新材料应用等设计元素被延展到该企业参展的 20 多台（套）产品外观上，使沈阳机床集团成为国内首个将全线产品以统一的设计风格、全新的加工工艺呈现在展会上的企业。从而引发国内机床行业开始关注产品外观，也引领了国内机床外观设计的艰难起步。

VMC0656e 五轴立式加工中心因设备体量适中、结构匀整紧凑，且长宽比例接近稳定方形的特点，被选作特征设计原型机开展创新设计课题研究。

设计的第一步，是试图在厂方给出的内部结构图基础上标出不同功能区的极限尺寸，以便设计师进行不同功能区域的分割。水平方向分割线自下而上主要是地脚支撑、地脚围挡（护板）、接水盘基线、工作台上平面、门额连接部位（上方滑轨）以及顶端上沿线。垂直方向分割线自左向右排列分别为左边线、门体左门口、右门口、系统箱、电气柜箱和右边线。进深方向按左右不同功能区进行了分别划定。按功能区划定后的水平垂直交叉线构成了最基本的造型分割参考线。

这些参考线有的是界定功能区块的基准线，不能随意移动，称之为静线。而剩下的线是可以在一定范围内做合理调整的，称之为动线。例如地脚围板的高度线是动线，地脚围板下沿距离地面高度根据客户的使用要求可以适当调整。而接水盘的基准线是在铸件上沿位置的静线，不可移动。外防护在此处的分割线相当于门体开口的下线，一般会高于接水盘基线，为的是获得合理的坡度，能顺利排出切削液和碎屑。门口上下左右的开闭尺寸也要严守静线，不可小于设计要求。这样就得出最基本的分割体块，从而完成基础设计第一步。

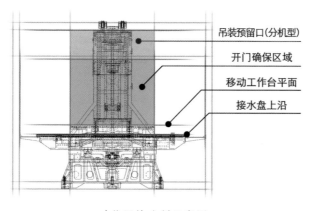

功能区块分割示意图

在分割好的体块基础上进行区块标色，进而将标色的区块合并连接。不同的标色排列方案会将床身分割出不同的体块，最终以内外结构分割合理、方便钣金结构拆件为依据，确定色块分割方案。这时的色块排布基本是二维的平面分割，目的是找到最基本的色块分割区域，形成最初的切分比例。以最简明的呈现方式检视比例关系，检索切分方案在结构功能方面的合理性，为进一步的特征抽出做准备。

在这里要强调的是，机床外观设计的第一步就是从审视内部结构开始，在床身结构框架的基础上，由内而外的规划和思考贯穿设计始终。任何脱离结构而进行的所谓"外观"及"造型"都是缺乏依据并毫无意义的。

VMC0656e 外观五视图

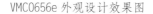

VMC0656e 外观设计效果图　　　　　　　　　第一台 VMC0656e 实物样机

VMC0656e 五轴立式加工中心外观定型的意义在于，针对企业产品形态 DNA 的抽出和界定，要涵盖全线产品不同体量、不同结构、不同用途机床产品的个性和特征，在充分考虑制造工艺的基础上，探讨全线产品对相关特征的可延展性。这个特征必须是区别于同行其他品牌，又能借此识别本企业产品，将外观设计以实用新型专利的形式作为企业独有知识产权纳入企业品牌资源当中。

沈阳机床 2010 年版产品外观系列

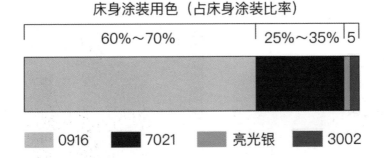

2010 版外观设计对一个企业来说具有多重的重要意义。首先，它为这个在改革开放中逐渐合并形成的超大企业第一次统一规范了全产品外观，庞杂的产品线有了一个可参照的企业内部执行标准，为之后的多层次有序发展奠定了基础。其次，通过对产品线的彻底梳理，对构成企业知识产权的家底进行了全面盘点，第一次有了全产品"族谱"，各个事业部的发展脉络随之清晰可见。运用业已形成的产品分类蓝本，针对目标市场建立梯次开发规划，为企业中长期发展提供了有力的参考。

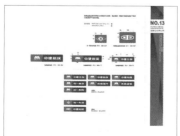
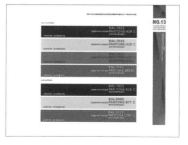

沈阳机床 2010 版产品规范图谱（部分）

网孔板与亚克力安装部位示意图

然而这毕竟是第一次自主进行外观设计，没有任何成熟的经验可循，探索的过程十分艰难。由于对机床结构没有完全理解吃透，外观与结构的配合上存在硬伤在所难免。部分纯粹作为装饰作用的部件、用材也存在违背钣金工艺的不合理成分，主要集中在左侧面：一是双层结构网孔板的部分，由于结构设计不合理，将内层防护板与外层网孔装饰板焊接为一个工件，喷塑时网孔板对内层结构形成遮挡，导致出现着粉不均匀的现象，影响了该部件的品质。

另一个比较明显的加工软肋就是左侧转角的弧形亚克力装饰板。首先需要在平板状态进行背面丝印，再经加热制成一定尺寸的圆弧半成品。纯手工加工成品率低，精度难以保证。亚克力材料与金属部件连接部位采取胶合方法，导致亚克力材料很容易受温度影响产生变形，与金属材料的床身相结合时很难精确入位。使用的粘接剂在弥漫着油雾的车间很容易失效而发生部件脱落。又因为亚克力材料不适合直接暴露在充满切削液的加工区，必须在内部增加一层钣金结构加以保护，导致床身壁厚增加，使得制造成本和加工用时都有增加，失去了设计的合理性。

针对若干不合理的设计缺欠，沈阳机床在2010版设计方案的基础上进行了积极的优化，以延续鲜明的外观风格为前提，在用材和结构设计方面进行了合理的调整。优化后的结构更加适合工业化批量加工制造，取消纯装饰性的双层结构部件，选用耐油雾侵蚀环境的铝板取代亚克力，外观设计进一步趋向合理实用。

调整后的外观产品在2013年北京机床展上又一次点亮国内展厅，进一步引发行业伙伴的围观，特别是获得国际同行的普遍关注。国内同行纷纷开始尝试外观设计，从此国内机床外观风貌整体发生改变，以往灰头土脸的机床产品渐渐从大型专业展会上消失。

经过优化的2013版外观设计经过小批量放样生产检验，又经过多轮的工艺

沈阳机床集团2013版

沈阳机床集团 2013 版系列产品

改进，其工艺性和材料稳定性都有所提高，批量投入市场后受到用户一致好评，成为行业市场的热销机型。

事实证明，开展机床产品外观设计不可急功近利，不可指望一轮设计过程就能定型新外观，更不能在未经验证的样机阶段就盲目投入批量生产。一些企业认为外观设计就是换一个新壳子，拿着效果图就交给钣金工厂加工做样机，甚至直接投入批量生产。隐藏在新外观背后的各种问题被直接带进生产成品，势必会给产品的使用带来很多问题。发生问题的根源绝不是外观设计本身，而是从设计方案到成熟的产品之间要有很长的工艺验证、结构优化、方案改进的路是必须要走的。期间投入必要的时间、经费、人力、新设备等，甚至包括方案推倒重来的风险。

沈阳机床 2010 版外观设计的最大意义在于开启，在于唤醒，在于彰显了国内机床行业第一个吃螃蟹的探索精神。它开启了国内机床企业对产品外观设计意识的转变，唤起了全行业对外观设计的广泛关注。而后的 2013 版优化设计是大规模实施外观设计过程的必然结果，是在未知的摸索过程中留下的走向成熟的足迹。没有 2010 版的破冰起步，就不会有十年后行业规模化的外观设计水平的提升，更不会有今天讨论这个话题的基础。

（二）2014 版 M1 系列 +i5 系列

要点提示：从企业经营战略的高度布局外观设计，使其与新技术发展趋势相契合。以行业市场走向为参照，规划高中低端不同市场占位，给产品线做中长期梯度规划，进行适度的制造技术和工艺储备。

外观的提升往往会伴随企业经营理念和市场形象的改变，以外观设计为突破口实现企业战略转型，从而主动占据市场有利位置，实现差异化优势经营。

大型企业的产品外观设计不仅仅是给产品"化化妆"的技术问题，应将其纳入企业总体经营战略，以体现企业决策人对未来市场走向的判断，对行业发展前景的预期，对竞品市场占位的主动选择。对产品外观的研发要有梯次规划，做必要的中长期投入储备。

全线产品外观的改变，给企业带来最大的变化应该是新外观引发的新技术、新材料、新工艺的导入，以此打破墨守成规的传统加工方式，推动企业制造水平和管理水平的提升。它体现的是一个具有影响力的企业在行业市场的竞争实力，这样的企业甚至可以左右行业市场的流行趋势。对新技术的融通导入势必会颠覆传统机床设备的工作模式，重构设备的功能组合，导致设备排列关系和存在形态发生重大改变。这也是外观设计对企业经营层面产生深度影响的重要推动因素。

这样具有前瞻性的战略思考，沈阳机床集团在10年前推出第一批外观设计之后就已经开始了。2010年南京展会的破冰之举突破的是有没有的问题，而2010版显现的设计瑕疵为企业进一步优化工艺锁定了目标。随后的三年中，在企业内部针对新材料、新工艺进行了多轮次的优化整改。其核心内容是解决外观方案与内部结构的配合问题，以及引入新材料的工艺落地难题。与此同时，经过小批量样机试制以及用户走访，获得了大量的反馈信息，再回流到设计一线进一步优化，最终于2013年北京展推出相对成熟的新外观产品。

2013版是针对产销量最大的主流产品进行的优化设计，鲜明的产品个性将其与市场上其他竞争品牌拉开了距离，形成了自身比较完整的产品线。而几年前就已投入研发的基于全新制造理念的i5数控系统于2014年上海展推出，同时亮相的还有搭载i5数控系统的全新外观。在展会上率先提出"智慧制造"理念与智能化设备接轨，产品外观与企业形象同步提升。脱胎传统制造，以"智慧制造"理念转向智能化制造发展方向。

以"智慧制造"理念打造智能化数控机床

2014 年上海展智能数控机床系列

市场需求的转变影响着企业对产品外观更新换代的步伐。努力站稳国内市场，主动追随国际市场审美趋势，以新外观制造实现企业制造能力的整体提升。2014 版外观涉及机床外防护箱体制造、数控系统开发、系统箱制造、报警灯、门窗把手等周边设备制造。以搭载 i5 系统系列产品作为中高端产品线符号，实施多系列产品市场占位策略，在中高端产品市场打造高附加值产品。

2016 年 M8 智能多轴立式加工中心

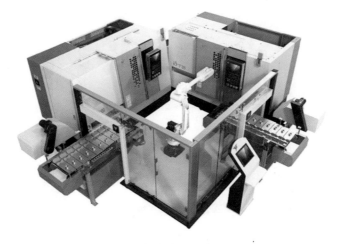

2019 年卧式加工中心

智能化加工单元

新外观产品有序登场，品牌形象不断丰满，品牌价值不断积累，随时跟踪国际市场主流趋势，适时进行自我更新以提升完善制造工艺，这是机床制造企业应有的持续发展模式。

我们正处在在高度自动化技术、5G 技术、人工智能技术不断投入应用的智能制造时代门口，对未来新技术应用带来的产品外观变化，更需要前瞻性的洞察力和充分的准备，因为智能制造时代带来的变化是颠覆性的，将会影响到制造基础的彻底改变。

（三）魔迪激光切割机铝结构防护设计

要点提示：给行业领先的高科技激光设备一个得体的身段，令艺术与科技碰撞出的火花在精密设备上无声绽放。全铝结构颠覆传统钣金制造工艺，高精设备外观呈现工艺的有益探索。产品外观与企业 logo 同步设计，与企业理念高度统一。核心技术、严谨产品、精美外观都需要用心去打造。用心、专心、匠心，成就一流国际品牌。

魔迪激光切割机是南京多维数码科技有限公司旗下的高技术含量精密激光加工设备，代表着该领域国际尖端技术水平。这款设备应用在手机圆弧玻璃屏幕切割等特殊加工领域，是一款高效精密激光切割机。

容纳当今世界领先的激光技术和智能化成果的精密设备，承载着高度的人类智慧和极简的未来意识，需要高度精练的外观与之相称。至简的外观造型呼唤的是至精的钣金加工工艺，丝毫瑕疵都被放大在眼前难以遁形。普通钣金材料很难满足这种精度与平整度的要求。

与一般金属切削加工设备不同，激光切割机是在恒温恒湿的无尘环境下工作，虽然没有防水防漏的功能需求，但激光设备要求内部工作区和外部箱体高度封闭，以防止激光外泄对操作者造成伤害。机台布局和结构设计更强调最大限度集合进料口、检修口、屏显视窗等功能性开口，保持设备耐久运行的稳定。

为了完成这个高难度钣金加工制造任务，技术团队进行了多次尝试，最终箱体外层护板选用高强度铝质板材，通过数控激光下料来保障配合精度，最大限度保持板面平整。板材与主体框架的连接固定更是创造性地采用了独特的把接工艺，突破了传统的钣金加工极限。板材表面采用经哑光处理的阳极氧化工艺，彰显高精密激光设备严谨、高效的风格，体现了智慧的灵动与科学的严谨完美统一的创造魅力。

iLS-PCH G1 外观设计效果图

iLS-PCH G1 五视图

报警灯采用双灯位对角线布局，设备 360° 无观察死角。

外观设计在规划阶段就考虑到多台设备组成智能加工线的扩展需求，方便用户在不同加工情境下选择，增加了设备的可拓展性和适配性。

设备功能延展 -1

设备功能延展 -2

　　本书虽然主要针对外观设计进行讨论，在此愿意就魔迪的 logo 设计多投入点笔墨，是因为这个项目的设备外观和企业 logo 原本就是绑定在一起进行的，是一个产品外观与企业 logo、企业理念以及行业属性等要素高度统一的统筹策划案。

　　设计委托方是一位来自美国高科技企业核心管理层的华侨博士，多年来服务于苹果等世界一流品牌海外加工业务核心管理团队，具有深厚的工业制造功底和对艺术的深刻理解，对设计方案外在的视觉效果和内在的精神内涵要求很高。在设计委托书中明确要求，企业 logo 要符合领先、创新、精密、专业的高科技企业形象，要符合激光门类企业的行业属性，要有海外赤子对"根"的眷恋和印记。

　　高科技需要简明的国际范，而一般的流行符号赋予的时代感会很快衰减，淹没在日新月异的发展洪流中。最初，设计团队试图在众多的中华文化瑰宝中寻找一个符号，作为企业 logo 的主要形态。而传统文化元素又似乎离不开物化纹样的繁复纠缠，难以承载高科技企业对未来的前瞻和求新求变的企业精神。最终，设计师把目光聚焦在汉字书法上，在飘逸奔放的草书墨迹中寻找灵感。经过大量

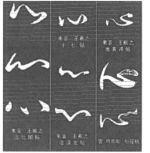

历代书法名家书写的"心"

的资料筛选，将历代名家书写的"心"字作为创作基础，最终以颜真卿草书为原型，创造了符合设计要求的企业 logo，从中体现了专心、恒心、匠心的品牌精神，获得设计委托方的高度认可，并连同其他系列辅助图形等注册使用。

企业 logo

其他辅助图形以及应用范例

logo 主体以大写的 L 开始，犀利的直线坚定、率直、充满理性，与婉转流畅的 S 曲线衔接，犹如一条舞动的彩带，挥洒自如，活力奔放。曲直交错、动静相宜的图形正如精敏的激光束扫过的痕迹，犀利中的流畅诠释着科学与艺术的完美结合，一颗灵动的中国"心"跃然纸上，令人过目不忘。"LS"就是激光的灵魂，是魔迪始终追求和探究的目标。

魔迪案例从另一个方面进一步说明，机床设备的外观造型不仅为美学意义上的"养眼"而存在，更应该是企业灵魂的载体，是与企业精神高度一致的物化延伸。

（四）友嘉立加 / 车床

要点提示：空间就是生命，方寸之间的设计智慧。好的设计首先应充分满足客户需求，况且有些需求对客户来说是必需的硬指标，设计师要做的就是在由铸件和钢板构成的铜墙铁壁与客户提出的各种设计要求之间寻找机会，充分发挥自己的创造优势，彰显设计师的才华。

机床产品在检验合格打包出厂时，首先要用叉车将成品装进运输箱，为了保证装卸过程不损坏机床，一般都会预留出必要的操作安全空隙，封箱后再用叉车将运输箱装进标准集装箱运输。集装箱经过长途的陆运或海运，最终送达用户手中，开箱安装使用。运输工具的标准容器对装箱设备外部尺寸有严苛的限制，超出限制尺寸要么不能装箱运输，要么作为超大件增加运输成本。

机床外观设计的委托方在设计开始之前会把设计要求和基本数据交给设计方，这样的数据在设计过程中十分重要，有时会因具体部位尺寸未达到设计要求而前功尽弃，导致方案设计推倒重来。因此再三强调，对来自客户的设计要求必须仔细研读，越是看似枝节末梢的琐碎要求可能越是客户坚持的，在关键节点上要与客户充分沟通，特别是关系到设备性能和操作使用的要求必须予以严守。

精密加工设备的结构设计越来越紧凑，对空间的利用越来越精确，几乎渴求到毫厘之间。比如特定型号机床设备内部加工空间极限尺寸哪怕增加几厘米，对工件尺寸的宽容度就有所提高，往往更容易被用户采用。例如，我们为台湾友嘉公司设计的两台机床外观，在开始设计前因没有严守客户提出的设计要求，也没有进行充分的事前沟通，总认为即便与设计要求有所出入，客户也会自行消化处理的，结果导致第一阶段的设计方案完全作废，只能推倒重来，问题的焦点就在于涉及产品关键部件的尺寸。

为最大限度增加加工区空间，客户给出了内部空间要保留的极限尺寸。而机床外部尺寸又受到集装箱货柜尺寸的限制，给机床外观钣金部分只有80毫米的施展空间。80毫米几乎是机床外部钣金结构能保证强度的最薄尺寸，所有超过这个尺寸的部件都是越出客户红线的，一律视

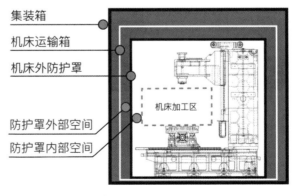

机床装箱示意图

作超标而不予采纳。而第一阶段的设计就是因门体的把手超出红线而全案作废。

一方面防护罩箱体外尺寸已经接近装箱极限尺寸，几乎没有安装把手的空间；另一方面防护罩又不能向内压缩侵入加工空间。这种从内外双向压缩到近乎极限的尺寸设计，的确最大限度地发挥出设备功能极限，但也给外观设计提出了不可回避的难题，几乎让设计师无计可施。

在客户看来，产品外观可以有不同的选择，而关乎机床使用功能的基本尺寸是不可逾越的红线，再优美的外观造型都必须让位于设备功能设计。加工区内部增加的区区空间，可能正是这个产品优于同类产品的卖点，是这款产品赢得市场竞争的显著优势，是比外形款式更重要的客户核心利益。

经过多轮方案讨论，尝试从不同方向寻找突破口，当面对真实具体的尺寸数字时，又不得不退回到问题起点。经过一段时间的迷茫反复，设计思路逐渐清晰起来。既然问题的核心聚焦在尺寸上，也就锁定了创意的主攻方向。造型风格款式暂时放在一边，先集中精力解决门把手的问题。门体厚度占据的空间不足以加挂通常意义的门把手，如何将把手与门融为一体就成了思考的大方向。尝试把主攻课题"在门体上设计一个好看的门把手"调整为"怎样的门把手能嵌入门体"。设计方向改变后，很快找到了突破口，问题便迎刃而解。

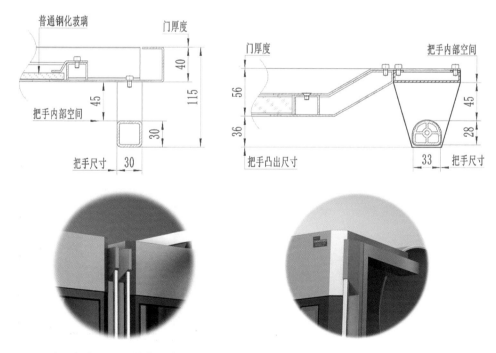

常规机床门把手结构示意图　　　　友嘉机床门把手结构示意图

门把手的问题以内嵌的结构形式得以解决，接下来就是具体细节的调整。为避免嵌入式把手对手产生挤压，将门体与把手接近的边缘采取倾斜的结构形式，为操作预留出手握的间隙。外挂式数控系统箱采用吊臂式，在运输时旋入加工区的内部空间，其他突出于床身的部件都设计成可拆卸式，运输过程统一打包收纳在加工区，使用时再进行安装。

友嘉 2015 年 EMO 参展设备

该设计样机成功参加 2015 年 EMO 欧洲机床展，受到国际同行广泛好评。

（五）摇臂钻 / 普车

要点提示：低利润非数控传统机床产品的升级改造，严苛成本控制下的全新设计方向。减重的同时优化结构，性能与安全性双提升。外观设计师面对冰冷的钢铁铸件能撞击出怎样的智慧火花？

摇臂钻：工具型传统机床产品，在机械加工车间它相当于家用的电钻，没有很高的技术含量，但却是常用的必备工具。我国的摇臂钻基本上继承捷克生产技术，几十年间产品都没有改变过。据说车间曾几次尝试小规模设计变更，终因运行震动过大影响加工精度而放弃。在生产车间的一角，陈列着一台 1958 年生产的老摇臂钻，与身后成排列队准备打包出厂的同类产品相比，从外观上看没有多大变化，甚至连涂装都保留着当年沿袭下来的豆绿漆。

普车（普通车床）：在机床行当里，普车可以称得上元老级加工设备，曾经上过人民币的图案。操作简便易学，开放的床身结构，维护也相当方便。和摇臂钻一样，在车间里算是工具型设备，最简陋的工厂也会有几台浑身沾满油污的普车。

1958 年生产的摇臂钻

　　普车的图纸和制造工艺继承了苏联的设计传统，虽已经过半个多世纪，制造工艺变化并不大。加上同行竞相杀价，一台普车的生产成本与售价基本持平，几乎没有利润。在数控机床广泛普及的今天，普车作为补充性的低端市场需求依然存在。为了摆脱竞争激烈的市场厮杀，传统产品也要进行外观更新才有可能冲出重围，而严酷的成本核算又给外观改造提出极大的难题。厂方希望新外观不能增加制造成本，最好还能创造更多利润。

　　减少制造成本，创造更多利润，成为低端产品外观设计的既定目标。

　　摇臂钻和普车同属于工具型的传统产品，机身以铸件为主，开放式结构，除了暴露在外的档位把手和圆盘转轮外没有更多的部件。由于普车不需要一般机床外层包裹的大罩子，床身随铸件完全暴露在外，一般意义上的造型手段在这里无用武之地，外观改造需要另辟蹊径。

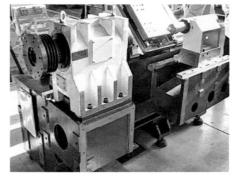

普车 CW6163b　　　　　　　　　　　普车铸件结构

经过与车间技术人员的沟通后了解到，诞生于 20 世纪 50 年代的老机床，其设计年代可能更久远。在没有计算机更没有辅助设计软件的年代，要保证机器运行稳定，主要靠设备自身的刚性和自重，因此铸件部分的设计冗余会放大很多。通过最新的辅助设计软件的精确计算，在保证设备稳定运行的前提下，铸件完全没有必要如此厚重。

在专业技术人员的指导下，新外观设计第一步从基础铸件"瘦身"开始。

经过瘦身的新摇臂钻

重新设计铸件结构，摊销铸件模具费用，减下来的多余重量就是减少制造成本，就是直接利润。接着，设计团队又把目光聚焦到加工成本上，将原有设计不合理的部件一一列出来进行改进。原有铸件的表面都是毛坯面，要获得一个平面需要将整个平面刨平再进行钻孔加工，会耗费很多工时。新铸件将需要加工的部位高于整个平面，后期只对几个点进行刨平就可进入后续加工。此举节省了工耗，提高了效率，使加工精度更容易把控。

在视觉设计方面，设计师也进行了大胆的尝试。由于这类设备都是开放式结构，加工区完全暴露在外，操作时有一定的危险性。将设备机械运动时易对人体造成磕碰部分用警示色进行提示，从视觉方面提升了设备的使用安全性。摇臂钻横向支臂末端是暴露的有棱角的金属部件，高度与成人身高相当，很容易对工人造成伤害。新设计采用红色工程塑料材质的部件将特定区域进行警告提示，并采用了圆角设计进行包裹，用设计思维的创新方法既提升了设备安全性，又改变了老旧设备灰头土脸的样貌。

经过重新设计的普车铸件和机台

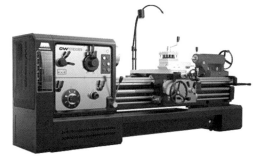

普车 CW6163b 新外观

设备内部结构部分的机箱盖采用工程塑料的模具成型制造工艺，达到提高品质、降低成本的设计基本要求。虽然模具制造工艺在机床行业极少采用，而在产品型号相对固定、有足够量产的情况下采用模具成型工艺既节约了制造成本，又能保证制品的统一性，在摇臂钻改型设计中收到很好的经济效益，较好地实现了客户对该项目的设计要求。

摇臂钻新外观

（六）重型设备的外观设计案例

要点提示：对于厚板成型设备的设计突破，制造成型工艺既是局限又是创新机会。

在机床设备家族里，有一种类型的设备外观不是用普通钣金的冷轧钢板制造的，这就是机械压力机。一台小型机械压力机的重量一般都会在十几吨，是机床行业里的重量级选手。机械压力机因其设备性能决定机身大部分部件都是用厚钢板焊接而成，其造型往往也会受制造材料所限难以突破。

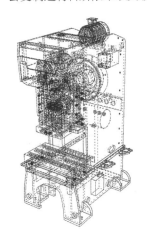
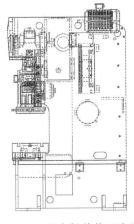
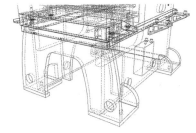

压力机结构示意图

扬力压力机

俄罗斯巴尔瑙尔压力机

在重型压力机家族里，构成设备躯体的部件既是结构件，又同时呈现外观形态。同是厚钢板的彼此焊接，组合出不同性格的产品外观。压力机设备个个都是脱掉外罩的健美运动员，筋骨外露、体魄健壮、棱线清晰、拒绝多余的装饰，所有要素都是结构存在的必要。普通机床床身的螺丝一般都要隐藏或用钣金包裹起来，而压力机身上固定部件的螺丝可是难得的具有装饰效果的零件，就像西服上的纽扣一样重要。

压力设备的运行具有一定的危险性，对工作区、检修区、电器柜等关键部位都会做出醒目的标识。手动操作台、脚踏开关等涉及操作部件的语义设计要十分清晰明确，操作动作行程深度要严格遵循人体工学数据进行设定，防止误操作造成工伤事故。

用色设计多考虑耐油污和粉尘环境的高对比色值，分色区域一般以警示区域为中心，

与机身其他部分形成功能性分隔，因此色彩涂装也是重要的造型手段之一。成色工艺一般采用喷漆方式。

压力机设备也有面临运输的问题，但不像数控机床那样需要装箱运输。有些压力机在运输时要向前方放倒来减少运输高度。要求预先考虑运输受力点和放倒后的平衡问题。这些看似纯粹功能性的内容，正是重型设备外观设计的特点。

扬力压力机

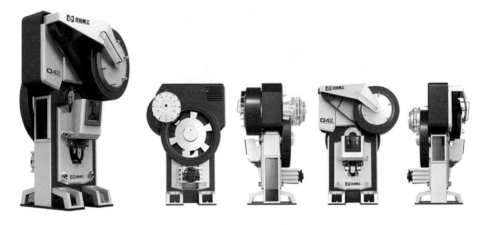

三铭重工　棒料机

（七）数控系统箱体结构开发

要点提示：改变了国内企业系统箱以钣金箱体为主的传统工艺，先后采用注塑成型和铝型材组合新工艺，提高了成品加工效率。特别是创新提出铰链合页结构，改变了箱体与床身连接方式，大大提高了安装效率，节省运输空间和钣金制造成本，箱体也达到德国质量标准。

数控机床的操作控制要依靠数控系统的运行，数控系统箱是数控机床产品的重要组成部分，所谓操作机床主要是操作数控系统。人与机床设备接触最多的就是数控系统箱。数控系统箱的设计涉及许多方面，与外观设计相关联的有箱体结构设计、UI界面设计、铰链及托挂结构设计、操作键盘设计、触键及旋扭语意设计等与操作使用相关联的设计内容。

数控系统箱是将数控系统的显示屏、操作键盘、线路板、线簇、散热机构等部件集合在一起的箱体，由于国内企业多数采用德国或日本的数控系统，一般采用钣金加工出箱体再装上系统部件来使用。国内几家自主开发数控系统的企业也很少设计生产自己专用的系统箱。

这里讨论的系统箱设计不是基于钣金制造工艺的铁盒子，而是可适应不同型号、不同尺寸系统显示屏，可根据需要对箱体尺寸进行调整的系统开发。它包括箱体框架结构、铝型材、转角插接部件、密封系统、散热系统、表面涂装等设计开发内容。与此关联的还有操作键盘、按键、开关、图形语意等涉及操作使用的接触设计。

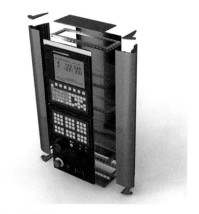

数控系统箱设计（铝型材组装结构）

UI用户界面设计是专业性很强的跨专业设计，一般会与系统开发专业工程师协同进行。外观设计师参与的是部分与视觉和认知内容相关的设计，即GUI设计。图形用户界面（Graphical User Interface， GUI）是指采用图形方式显示的计算机操作用户界面，关系到信息设计、交互设计、逻辑与编辑、认知与理解、识别与判断等内容。

i5 系统界面操作键盘、旋扭、字体图标设计

　　UI 界面设计是数控系统开发的一部分，每一个数控系统开发商都会有独自的 UI 界面，同时也会设计开发系统箱体及与床身连接的吊挂托架。

　　以往的系统箱安装大致分为三种形式，即下托式、吊挂式和镶嵌式。在研究了主要厂商的安装结构之后，设计团队开发设计了第四种安装形式——合叶式。

　　合叶式系统箱安装架直接安装在经过加固的床身上，系统线簇通过合叶转轴处的中空结构与床身插接相连。为确保插接口不会出现松脱而影响设备运行，采用了与汽车电脑系统接线相同的防脱结构，确保安全又方便安装。

 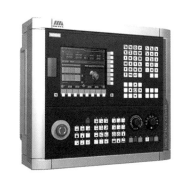 

依据德国制造标准定向开发设计的机箱产品

（八）南兴木工机械

要点提示：木工行业设备升级改造，对操作者的人文关怀和环境友好的新理念，不仅是外观设计的方向，更体现出企业追求可持续发展的社会责任。

木工加工设备是用于木材、家具加工的专用机床，属于机床家族的一个分支，近些年发展很快。以前家具制造用的钻孔、磨砂、覆膜等单一加工设备，现已被数控生产线所取代，生产效率成倍提高。

木工加工设备的体量一般不是很大，因加工过程会产生粉尘、噪声、局部高温、溶胶挥发等现象，对设备的安全性有很高的要求。木工加工企业的耗材主要来源于木材，虽然木材综合利用技术会减少木材消耗，但作为大型木工加工设备生产企业，追求绿色发展和可持续发展一直是企业的社会责任和经营理念。

南兴木工加工线

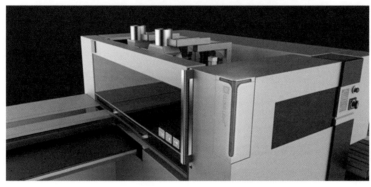

南兴木工加工线

在产品外观设计方面明确提出要安全、环保，也是体现企业经营理念和社会责任的一个重要方面。

（九）机床外观与视觉元素整合设计

要点：视觉元素设计是外观设计重要的视觉强化手段之一，与外观造型相配合，体现企业文化、提升产品气质、强化产品特征、传承企业精神，在外观设计中起到画龙点睛的作用。

视觉元素设计一般包括设备名、型号、生产厂标、辅助图形、装饰线、警告标识等，是机床外观设计不可或缺的重要设计元素。床身涂装一般都大面积采用相对稳定的暖白、浅灰、深灰等色，视觉元素的醒目色彩起到调剂视觉效果、提示必要信息、愉悦操作者心情的作用。

视觉元素一般以丝网印、3M 胶贴、刻字胶贴、UV 打印等手段来呈现。一些立体图标还可以采用金属材料或塑料来仿金属效果来呈现。

丝网印是目前机床行业普遍使用的呈现手段，取代了原有的局部喷漆工艺。丝网印需要按用色数预先制作丝网版，一般在机床装配现场进行刮版印刷。由于现场操作条件限制，印刷图案不宜过于复杂繁琐，套色不宜过多，且印刷面积也不宜过大，图案以平铺色块为宜。过渡色手工刮版成功率较低，如果印刷失败需要清理印痕，可能对床身底漆造成损伤。

3M 胶贴是美国 3M 公司开发的用于耐油污环境的透明、半透明、磨砂背胶贴膜。可在专业工厂批量印刷裁切，用于批量较大的图案制作。3M 胶贴制作可实现四色丝网印刷，可印出照片效果的色彩过渡，也可以印专色。在透明基材上印刷，最好先用白色铺底，再进行印刷，这样可以提高色彩鲜艳度。3M 胶贴的粘贴需要有个熟悉的过程，要确保图案平齐，没有褶皱气泡，适当加热会有助于粘贴，但是过度加热也会造成贴膜变形。

刻字胶贴也是经常用到的床身装饰材料，有塑料基材和金属膜基材等不同效果。机床设备要使用质量好、背胶耐油污的刻字胶贴。因为一般在清理床身的油污时会使用含去油去污作用的清洁剂，清洁剂会溶解刻字胶贴的背胶，造成背胶脱落。

UV 打印是近几年投入使用的喷绘打印工艺，采用专用的喷绘材料进行自由色彩喷绘。特点是在喷绘层上进行 UV 透明涂层保护，使喷绘部分保留时间更长久。UV 打印是单件制作，不限颜色。可以用白色衬底，打印出的色彩会更鲜艳。

金属饰件一般采用金属或仿金属材料，接近汽车尾标的制作工艺，可呈现立体图形和逼真的金属质感效果。与床身固定，一般采用胶粘或打孔就位。

视觉元素作为外观设计的视觉补充，可起到提示和点缀的作用。要符号化处理简洁图形，最好能容纳企业用色，体现行业特点，兼顾系列化和延展性，使之易于识别。

加工设备的视觉元素

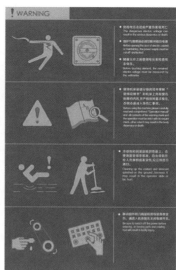

机床设备警告标识

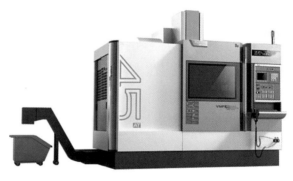

机床外观与视觉元素

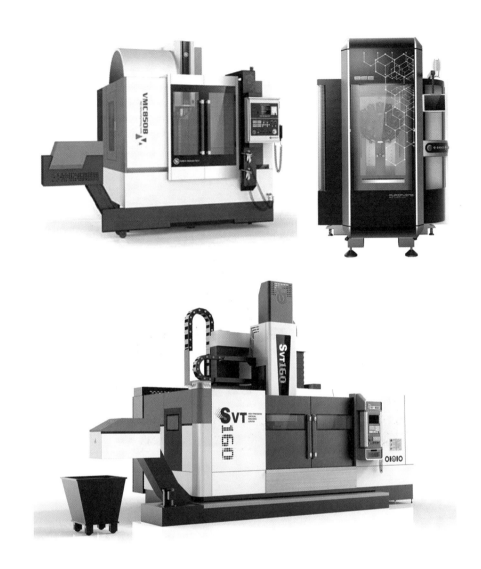

机床外观与视觉元素

　　大型机床设备在涂装色彩以外的视觉元素呈现尤其重要，在恰当的位置出现设计精巧的视觉元素，会改善大型设备带给人的单调、粗犷、笨重的视觉感受，缓解视觉压迫感，增加设备的亲和力。

（十）机床周边部件设计

要点提示：机床周边部件，如报警灯、加工区照明灯、机床门窗把手、排屑器等，是机床设备不可或缺的组成部分，是机床外观的重要构成要素。但是机床主机厂一般不生产上述部件，而采购于不同供应商的部件因设计风格不统一，安装在机床上难免显得凌乱无章，影响机床设备的美观。这些周边部件分属不同行业来生产，执行不同的设计要求和设计标准，在设计时应关注相应行业标准，严格执行设计规范。

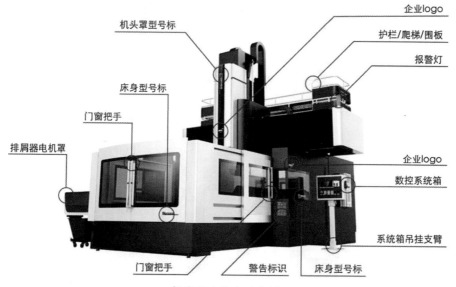

机床周边设备示意图

机床设备特别是大型设备的周围一般都会有辅助设备，如排屑器电机、油水分离器、电柜、压力泵、护栏、爬梯等，安装在床身的有门窗把手、内部照明灯、报警灯等机床辅助设备和部件。它们即是各自独立的部件，又是影响机床正常使用、左右整体视觉效果的关键部件。

门把手

门把手是使用者在操作中型设备（如车床、立式加工中心、钻攻中心等）时接触最多的部件。使用材料和结构强度直接关系到门把手的使用寿命。又因为门把手一般是与门体结构相关联，门把手出现松动会影响到门体防水效果。一般机床设备的门体操作是水平方向开闭的往复运动，设计门把手时要考虑推开和复位双向用力对手臂肌肉的作用，使门把手具有良好的握感。使用材料多采用不锈钢等耐油易清洁材质。

内部照明灯

机床加工区内部照明设备长时间在充满油雾水汽的环境中持续工作，在防水、散热、免维护等功能方面对灯体结构设计要求很高。内部照明安装位置应避免产生积屑死角，以便于清理。

报警灯

报警灯是加工设备上常见的辅助部件，外观设计除了作到与设备本体造型互相协调之外，还应关注防尘、密封、耐蚀、耐湿等使用环境因素。使用材料和结构设计应充分考虑设备在装箱运输过程的侧倒收纳以及安装复位的便捷性。嵌入床身或与床身融为一体的报警灯应更加注意设备运行中温度对不同材料产生的影响以及出现故障后更换维修的便捷性。

机床设备用把手

数控系统手持单元

机床设备用 LED 报警灯

内嵌式报警灯

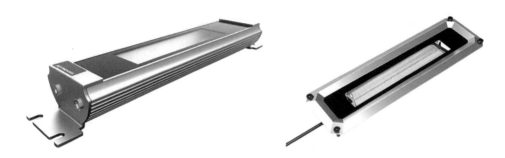

机床内部 LED 照明灯

报警灯照明灯及把手

10　国外机床外观设计的现状与发展趋势　▬▬▬▬▬

10.1 从一线国际品牌看国际市场趋势

2019年汉诺威欧洲国际机床展代表了当今世界机床行业最高技术水平，也是全球新冠疫情暴发前最后一个全球规模机床行业展会。展会上我们看到了发达国家精湛的制造技术，感受到艺术融入科技的审美趋向，同时也感知到欧洲机床发展到了一个高点的瓶颈区。传统概念的机床发展到今天，已经通过数控机床、加工中心以及成线设备将汽车制造的部分技术、材料和工艺用于机床的外观制造。工业机器人已经广泛应用于尖端设备制造，发达国家开始尝试在部分尖端科技领域引入智能化制造手段，整体上处在一边探索一边应用的导入阶段。

智能化制造是工业发达国家正在努力探究的前沿课题，是集智能化、数字化、网络化、系统化于一体，将工业机器人、互联网、大数据、信息传输技术、新材料等前沿科学高度融合的尖端制造技术。我国也开始在智能化仓储运输、自动驾驶交通工具、基于5G技术进行远程信息交互等方向进行有益的尝试。未来的机床应该是什么样子？我们或许有机会与国际同行站在同一起跑线上去思考。以行业整体发展的大视角去观察，我们目前还背负着制造技术相对落后、缺少核心技术的包袱，对机床行业关键技术的研发严重滞后，投入严重不足，要跟上国际先进制造国家的步伐，我们面前的路还很漫长。

从国际机床展踊跃的参观人群能够看出，欧洲人在经历了工业革命之后，普通民众对于制造业抱有浓厚的兴趣。他们把加工制造看成很体面、很重要、很有意义的工作，通过自己的智慧和双手解决某一个具体问题是一件令人愉快且能彰显个人魅力的事情。全社会对制造业保有持续的热情和优越感，也享受着发达的制造技术给生活带来的美好改变。正是这种来自全社会的关注和热情，促进了欧美制造技术的快速发展，奠定了制造领域在发达社会中的重要地位。

通过对 DMG-MORI 、MAZAK 、德国通快等优秀制造商参展样机的观察，我们不难发现国外优秀机床外观设计有着共通的特征和趋势：造型简洁舒展，结构清晰合理，接近汽车制造工艺的精细涂装和用料是其较明显的外部特征。系列化、模块化设计使企业产品群落的阶梯分布清晰显现，鲜明的产品特征将丰满的品牌形象符号化，在准确传承品牌精神的同时，处处彰显精良的制造技术。

站在先进制造国家的展品面前，我经常会思考一个问题：良好的设备外观状态是因为设计得好还是因为制造工艺好？是设计因素决定外观的状态还是制造因素决定了外观的呈现？通过观察让我更加确信，优秀的创新设计与精良的制造技术是成就机床外观状态缺一不可的重要因素。好的设计是以优秀的制造技术为后盾，优秀的制造技术要通过好的设计来体现。观念的进步总是走在技术的前面，或许因相对超前的设计方案促使制造环节进行技术突破，方能很好地呈现设计预想。又或许是制造技术的突破为设计方案的可行性提供了广阔的空间，可以将设计预想成为现实。艺术与科学的完美结合在先进制造企业的机床设备上体现得淋漓尽致。

在展会上还可以发现，制造行业的制造环节分化得更加细碎具体，由更加专业的制造商以更加专一的投入去实现更加良好的结果。就像美国的 SpaceX 成功将宇航员送入太空，开启了社会化服务商参与商业太空飞行时代一样，制造业加工环节的社会化使原有封闭的行业领域向社会开放，加工环节的社会化已经成为制造业发达国家的发展趋势。钣金加工是机床制造环节中较为复杂的工序，发达国家借鉴汽车制造体系中的专业化分散加工再集成组装的成功经验，将钣金加工业务分包给更专业的加工商，以更高的执行标准将加工好的成品进行机床成品组装，得到的是产业链条共生发展的多赢结果，培育的是制造业生态链的均衡持久发展，值得我们思考和借鉴。

10.2 大胆设想明天的机床外观

从蒸汽机开始轰鸣的时代起，非人工动力机床就已诞生，后来发明的电机带动机床高速运转，加速了制造业发展。电脑的出现又把机床带入数控时代，成就了二战后世界经济的突飞猛进。从数控机床诞生到今天不过六十多年时间，加工效率和精度一直都在提高。然而，数控机床除了床身上多挂了一个数控系统箱，机床整体的样子改变并不大。从那时起机床背着各式各样重重的铁盒子一路走到今天，成为现在机床的样子。

MAZAK 于 2009 年欧洲国际机床展发布未来机床概念设计

成立于 1919 年的日本山崎马扎克公司（MAZAK）是全球知名的高端制造设备生产商，由该公司设计生产的复合加工设备以及无人化生产、"DONE IN ONE"等新加工理念对世界加工业产生深刻影响。MAZAK 曾经在 2009 年欧洲国际机床展上展出一台概念机床，预想十年后（2019 年）MAZAK 公司成立 100 年之际机床可能的样子。如今十年已经过去，在加工技术快速发展的今天加工一台"头盔"型机床已不是难事，但在制造理念上已经有了根本的改变。智能制造带来的改变不仅是制造技术的提升，还在于机床的核心设备不再是单台机床，而是多台设备组成的加工系统在人工智能的控制下协调工作，高效率地一次完成复杂多工序加工任务。

近些年柔性加工理念不断完善，成线设备将多台不同性能的机床组合在一起，导入智能机械手等具备智能运行能力的设备进行物料传送或辅助加工，智能化加工系统初见端倪。人工智能化无疑是今后加工制造业的发展方向，它将和大数据、人工智能、认知科学、新材料等尖端科学一起影响和改变我们的生活，也必将改变机床的形态。

基于现有技术进行的设备组合——智能加工岛（沈阳机床）

柔性加工线——智能化设备的雏形（大连机床）

人工智能时代的机床是什么样子，目前尚难以具体描述，它的发展速度已经超越我们的想象。在此我们只好用今天的常识去捕捉未来机床的片段影子，做个假设或猜想吧。

首先，机床上透明门窗或许被取消，因为那时不再依赖操作者用肉眼时时监控加工过程，除了供上下料的进出口，不再需要透明门窗。又或许一件产品毛坯在进入多工序联动的设备后一次加工完成，省下在不同加工设备之间重复上下料的操作。加工区内部照明或许失去了它存在的意义，转而作为检修或更换零部件用的临时照明。联动设备可能还会省下更多为人工操作而设计的部件。

不仅如此，智能制造给机床行业带来的改变更多的会体现在制造体系以及制造环节的高度协调和信息联动方面，将加工、搬运、仓储、物流等环节统合在一个服务系统里。用户的个性化需求在智能化加工体系中得以完美实现，发达的制造体系保障的是统一的制造标准和效率，产出的制品则可以千人千面，丰富而多变。

在外观设计方面或许会衍生出另一个全新的课题——模块化设计。这是因为人工智能环境下的机床单体是作为区域加工链中的一环进行工作，每一个加工单体的工作状态都会影响到整个加工链条的运转。一旦系统中某一台设备的某一个部件发生故障，就需要在最短的时间内迅速排除以保障整个系统的运转顺畅。对于目前全包裹、全封闭的机床，在进行内部检修和更换部件时要拆掉外部钣金壳体来实现，动辄几天的拆除安装工作显然不符合未来智能制造时代的要求，单体机床的稳定性和快速维修性成为机床设计的重要课题。模块化、扁平化快速拆装的设计方向势必会左右机床的外观设计。

另一个可预见的趋势是按机床加工性能划分的两级模式，即满足个性化加工和特殊加工需求的小型化专用加工设备和多工序复杂加工一次完成的综合加工集成设备。因各自使用环境和服务内容的不同，机床的形态差异会十分明显。而无论单体设备的大小和加工性能如何，智能化加工设备都会在高效率网络环境下进行信息交互协作，作为操作者的"人"将作为整个加工链条中重要而特殊的一环融入加工设备的设计中，或将重新定义"人"在智能化加工设备系统中的特殊地位。

在今天，之所以需要金属切削机床，是因为要加工的工件必须把毛坯上多余的部分去掉才能得到想要的形状。3D打印技术发展到未来或许将成品直接打印出来，省去大量加工过程。但是机床还是要保留的吧，至少制造3D打印机还用得上。也不一定，或许3D打印机可以自我制造自己呢。想象未来机床的样子真是烧脑的事。

不论如何，未来的机床设计还是交给未来的设计师们吧。

快拆式模块化设计，或许是未来机床设计方向之一

10.3 我们的差距

我们与欧美发达国家在机床领域还是有不小的差距，在机床性能方面主要体现在产品的精度和稳定性上。而机床的精度和稳定性又与制造机床的材料密切相关。基础材料上的差异直接放大了机床在加工性能方面的差距，特别是在高端精密加工设备上的差距十分明显。

我们用几十年的时间走过了工业发达国家两百多年走过的路，丢下的课程恰恰是最核心的基础研究。我们仅学会了使用和制造机床，更确切说是组装机床。由于在核心技术研发方面严重滞后，目前国内企业生产中高端机床使用的核心部件 90% 依赖进口，零件国产化率不足 10%。数控机床的控制中枢是数控系统，国内企业虽然也在积极研发自主的数控系统，但国内机床厂的产品配置欧洲和日本品牌数控系统的占绝大多数。

在产品外观设计领域经过了十余年的摸索，我们对机械美学有了更具体的理解，新的产品外观已呈现显著变化。但是外观的变化并没有给行业的制造水平带来多少提升。在钣金制造、结构设计、加工过程的管控以及对创新价值的理解等方面还有明显的差距，其中最大的还是观念上的差距，执行标准上的差距，创造创新价值认知上的差距。

十年前外观设计的导入唤起机床行业产品外观意识发生转变，然而外观样貌的改变并不意味着机床制造能力的提升。外观设计对机床产业的贡献作用永远替代不了核心技术的研发，更不会从根本上解决机床的稳定性问题。

一个国家的根本实力来自基础制造业，社会的前行乃至生活的改变都要依赖制造技术的进步。而制造技术的提升来自核心技术的研发和积累，它需要耐得住寂寞的执着和持续的资金投入。近 20 年机床行业经历了跌宕起伏的发展过程，追逐的风向是市场。这本身并没有错，然而追逐的仅仅是眼前市场。市场的根本法则是利益，行业规模对利益的埋头追求，将使企业失去抬头前往的意识和动力。

明天的市场在哪里？未来的用户又将会怎样？没有人能准确回答。

有人说我们的机床落后人家50年，又有人说我们的机床精度还可以，只是稳定性不好。要知道即将到来的智能化制造时代拼的是无人化工厂，是智能化加工线，是制造集群的管理体系。依赖的就是单体设备的高度稳定性，方能带来加工集群高效稳定运行。5G技术、大数据、物联网再发达，最终也绕不过制造终端的设备性能。机床设备稳定性如不做出根本改善，高速传送的数据和智能化管理系统最终会拥塞在不稳定的设备终端而使整个制造系统瘫痪。昨天或许我们还能依靠敲敲打打维持机器转动，百分之几的故障率不会影响加工订单。而明天或许就因这百分之几，使我们彻底地远离制造中心而被智能制造时代淘汰。

这才是我们最大的差距，是时代的差距，也是存亡生死的差距。

但是我也看到，国内钣金行业经历了几十年的苦苦摸索，业已渐渐苏醒，以往叮叮当当金属碰撞的声音被新型数控加工设备所取代，大多数经验型企业开始向技术型、管理型转变，师傅带徒弟的传统手艺传承模式随着老师傅们纷纷退休而被画上了句号，新入厂的年轻人转向学习操作软件、研究新技术、适应新标准。用精密设备的稳定性作为品质保证，用全新的管理模式照亮以往昏暗的钣金车间，而钣金行业品质提升必定会助力我国机床行业制造水平迈上一个新台阶。

经过十年的探索，我们经历了机床外观设计从无到有的过程，在与国外同行同台亮相的国际市场上照见了自己的身影，也真实地感受到其间的差距。站在开启高端智能制造的十字路口，回望十年来走过的路。我们重新审视机床外观设计的意义；重新思考机床外观设计给产品带来什么改变，给企业带来什么改变，给整个行业带来什么改变；重新认识设计的价值，创新的价值。好的设计会给企业创造持久的效益而不只是增加一时的成本，而好的外观设计会助力成就一件好产品，使之自信地走向市场。

本书基于我们十余年亲历探索所走过的路，基于我们从机床外观设计角度的实践与观察，从中引发对某些影响行业发展问题的隐忧与焦虑，希望引起行业关注和思考。国家"十四五"规划明确提出加快构建以国内大循环为主体、国内国际双循环相互促进的新发展格局，大力发展国内自主创新，扩大内需，完善国内制造业产业链的主体战略。在国家对装备制造业加大投入并鼓励技术创新的政策支持下，在人工智能＋互联网的新技术时代背景下，重新审视和思考装备制造领域机床外观设计的课题具有十分重要的意义。

11 附录——机床外观设计鉴赏

本书最后集合了部分制造业设备外观设计案例，其中涵盖了重型金属切削机床、金属热加工设备、数控钣金加工设备、木工加工设备、数控激光设备、城市环卫设备、石油设备、注塑机、印刷机、包装机等不同行业、不同用途的工业制品，均是作者亲身经历的设计案例，从不同方面诠释装备制造基础设计的发展趋势，谨供读者参考。

在此向多年来给予我们大力支持和包容的生产厂方表示由衷的感谢。

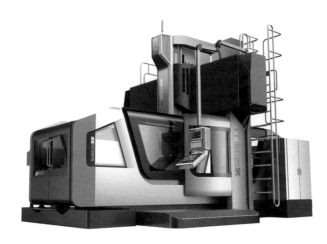

五轴龙门加工设备（巨轮集团领航数控）

龙门双驱光纤切割机（安徽东海裕祥智能装备科技有限公司）

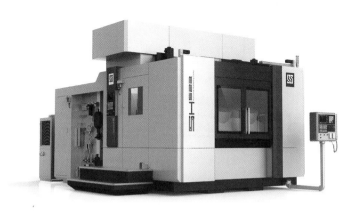

卧式加工中心（上海交大智邦科技有限公司

卧式加工中心（浙江日发精密机床有限公司）

立式加工中心（安徽新诺精工股份有限公司）

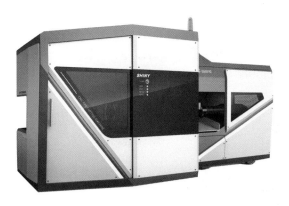

切管机（浙江申林智能设备有限公司）

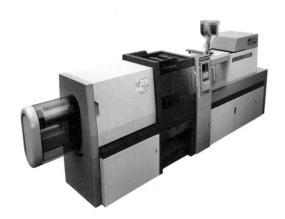

注塑机（东华机械有限公司）

五轴立式加工中心（沈阳机床（集团）有限责任公司）

五轴联动加工中心（上海航天壹亘智能科技有限公司）

电液同步数控折弯机（安徽东海裕祥智能装备科技有限公司）

木工加工设备－接木机（广东顺德永强福泰智能木工机械有限公司）

重型淬火机（洛阳升华感应加热股份有限公司）

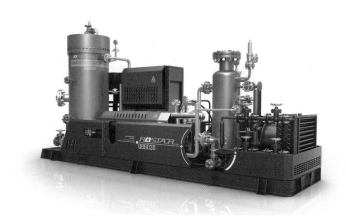

星旋式混输抽气泵智能橇组（北京星油科技有限公司）

环卫设备－纯电动吸尘车（RFT 精铁工坊科技有限公司）

木工六面钻（南星木工装备股份有限公司）

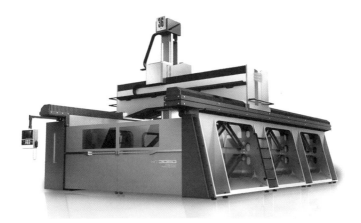

大型龙门加工设备（RFT 精铁工坊科技有限公司）

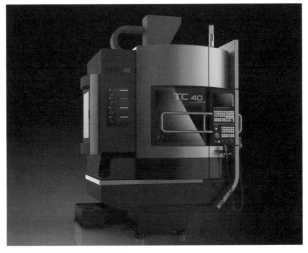

钻攻中心（江苏新瑞重工科技有限公司）

石油设备－注汽机组（山东骏马石油设备制造集团有限公司）

数控印刷机成组设备（北人智能装备科技有限公司）

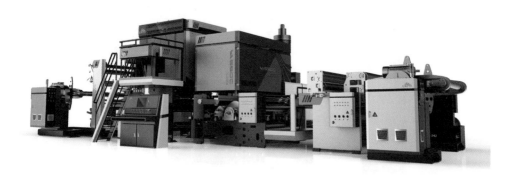

包装机械（江苏来义包装机械有限公司）

172

后记

因工作关系，我与制造业的机床结下渊缘，曾经跑了十几年工厂车间，经历了数百个设计案例，经年不懈地追问探寻，如今我依旧是个机床行业门外汉。片段感悟终能成册，除收集整理了工作过程的真实记录，更得益于工作中结识的机床生产一线的专家们。这里面既有与共和国同龄现已退休的机床行业的老前辈，也有改革开放后进入机床行业的青年工程师，更有在逆境中苦苦坚守的机床人。在他们身上传承书写着共和国机床发展史，是他们见证了我国机床行业从无到有不断进取的艰辛而辉煌的历程。我只是把交流中的所思所悟记录下来，汇编成文与大家分享。愿在此向给予我诸多指导和帮助的各位专家们表达我诚挚的谢意和深深的敬意。

外观设计不曾是我的本行，然而十多年的努力终能获得行业的认可，特别要感谢一拨又一拨富有创造力的年轻设计师们。他们是改革开放后成长起来的工业设计师，将现代设计理念播撒在钢板铸铁构成的机器之间。是他们用智慧的创造和辛勤的汗水成就了国内机床行业外观设计的进步，翻开了我国机床制造领域的多彩篇章。

还要感谢为此书出版发行提供各种支持和帮助的各位老师！

本书执笔人：麻跃波　2021 年 4 月于北京顺义